퇴근 후 마카롱

직 장 인 의   소 소 한   취 미 생 활   5

퇴근 후 마카롱

초판인쇄 2020년 9월 18일
초판발행 2020년 9월 18일

지은이 편소은
펴낸이 채종준
기획 · 편집 신수빈
디자인 김예리
마케팅 문선영 · 전예리

펴낸곳 한국학술정보(주)
주소 경기도 파주시 회동길 230 (문발동)
전화 031 908 3181(대표)
팩스 031 908 3189
홈페이지 http://ebook.kstudy.com
E-mail 출판사업부 publish@kstudy.com
등록 제일산-115호(2000. 6. 19)

ISBN 979-11-6603-085-7 13590

직장인의 소소한 취미생활 5

퇴근 후 마카롱

편소은 지음

이담 Books

디저트라고는 케이크와 초콜릿밖에 몰랐던 시절, 마카롱이라는 걸 처음 접해보고 '세상에 이렇게 맛있는 디저트도 있구나!' 하고 감탄했습니다. 작지만 귀엽고 동그란 모양인 마카롱의 매력에 빠져 내가 직접 마카롱을 만들면 어떨까 싶었죠. 그러던 중 문득 '마카롱이 동그란 모양일 필요는 없잖아?'라는 생각이 들었고, 평생 그림을 그리며 살던 제게 이것은 운명이 되어버렸어요. 그렇게 마카롱에서 헤어나올 수 없게 된 저는 결국 마카롱 매장까지 운영하게 되었답니다.

매장을 오픈한 이래 매일 매일 마카롱을 만들고 그림을 그리고 있지만, 마카롱을 만드는 순간마다 마카롱은 참 어렵고 까다로운 아이라는 것을 뼈저리게 느끼고 있어요. 조금만 삐끗해도 마카롱은 다 티가 나는 친구라서 내가 무엇을 잘못했는지, 어떤 점에서 부족한지 매일 반성하고 깨우치게 만들죠.

처음에는 캐릭터 마카롱으로 입소문을 타게 되었지만, 그것에 만족하지 않고 손님들께 더욱 맛있는 마카롱을 대접해드리고, 또 좋은 기억을 남겨 드리기 위해 노력했습니다. 매일 똑같은 레시피로 만들어도 계속해서 맛을 보고 무언가 잘못한 점은 없는지 되돌아보고 연구했었던 그런 날들이 이어진 덕분에 손님들께서도 저희 마카롱을 많이 찾아주시고 좋아해 주시는 것 같아요.

그림이 들어간 마카롱을 만드는 데는 일반 마카롱보다 시간과 노력이 배로 들어갑니다. 가끔은 '내가 왜 마카롱에 그림을 그리기 시작했을까, 그냥 동그라미 마카롱으로 했으면 더 빠르고 쉽게 만들었을 텐데' 하는 생각이 들곤 했어요. 그런데 드시는 손님들께서 예쁘고 귀여우니까 맛도 더 좋다는 말씀을 많이 해주시고, 예쁜 모습에 반해서 멀리까지 찾아왔는데 맛도 좋아서 너무 행복하다고 말씀해주셔서 기운이 났답니다. 정말 행복해서 힘든 마음이 싹 사라지고 더 열심히 할 수 있게 됐습니다.

그러다 보니 저도 점점 더 캐릭터 마카롱을 만드는 일이 재미있어지더라고요. 아무 그림도 없는 마카롱 위에 눈을 그리고, 입을 그리고, 얼굴을 완성하면 생명을 하나 탄생시키는 느낌도 들었습니다. 마카롱에 웃는 얼굴을 그리고 있으면 저도 모르게 따라 미소 짓게 되는데, 만들면서 행복한 제 기운이 마카롱에 전해지나 봅니다.

이 책을 보시고 마카롱을 만드시는 모든 분들이 저처럼 마카롱을 만들면서 따스한 행복을 함께 느끼셨으면 좋겠습니다. 저는 언제나 열심히 귀엽고 맛있는 마카롱을 만들기 위해 노력할게요! 감사합니다.

오늘도,
마카롱으로 확실하게 행복하기!

CHAPTER4

개성 만점 캐릭터 마카롱

CHAPTER5

특별한 날을 기념하는 이색 마카롱

CHAPTER6

특별부록! 캐릭터 마카롱 도안

Chapter 1

#

워밍업

마카롱에 꼭 필요한 도구와 재료 ✳

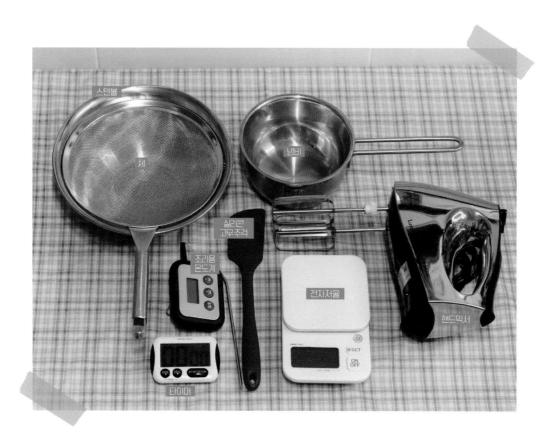

✳ 도구

스텐볼

깊은 스텐볼과 얇고 넓은 스텐볼 두 개를 준비해주시면 좋습니다. 깊은 스텐볼은 흰자 머랭을 휘핑할 때 사용하시면 되고, 얇고 넓은 스텐볼은 마카롱 반죽을 할 때 사용합니다.

체

아몬드 가루와 슈가 파우더 등이 뭉치지 않도록 체 칠 때 사용합니다. 너무 가늘지 않은 굵은 체로 사용하시면 좋아요.

냄비

설탕, 물을 넣은 시럽을 만들 때 사용할 냄비가 필요합니다.

조리용 온도계

시럽의 온도를 체크할 때 사용하시면 편리합니다.

실리콘 고무 주걱

마카롱 반죽을 하실 때 꼭 필요한 도구예요. 납작하며 얇고 넓은 주걱을 사용하시면 스텐볼에 묻어 있는 반죽을 깨끗하게 긁어내실 때 편리하게 사용 가능합니다.

전자저울

정확한 수치로 계량할 수 있도록 전자저울을 준비해주세요.

핸드믹서

흰자와 시럽을 빠르게 섞으며 거품을 올리는 휘핑을 하기 위해 꼭 필요한 제품입니다. 마카롱 필링을 섞을 때도 사용합니다.

타이머

마카롱을 오븐에 구울 때 정확한 시간을 확인하기 위해 사용합니다.

오븐 팬, 갈색 테프론 시트지

오븐 팬 위에 마카롱 도안 종이를 올리고 그 위에 테프론 시트지를 올려서 마카롱 반죽을 테프론 시트지 위에 짜서 구워줍니다. 테프론 시트지는 사용 후 깨끗이 씻어 반영구적으로 재사용 가능합니다. 미끌미끌한 재질이라 마카롱이 구워진 후 깨끗하게 잘 떼어집니다(마카롱을 구울 때 가급적 유산지는 사용하지 않도록 해주세요).

오븐

50~200℃ 사용이 가능한 오븐을 사용해주시면 됩니다. 너무 작은 사이즈의 미니 오븐은 온도가 정확하지 않을 수 있으므로 조금 큰 사이즈의 컨벡션 오븐을 추천해 드려요(위즈웰, 에스코, 우녹스, 스메그 등). 가스 오븐이나 전자레인지 오븐도 온도만 맞출 수 있다면 사용 가능합니다. 시중에 판매하는 오븐용 온도계를 사용하시면 오븐 안 온도를 체크할 수 있습니다.

짤주머니

마카롱 반죽과 필링을 담아서 짤 때 사용합니다. 재사용이 가능한 천 짤주머니와 일회용 비닐 짤주머니 두 종류가 있습니다.

깍지

다양한 크기의 깍지로 다양한 크기와 모양의 반죽을 짤 수 있습니다. 짤주머니를 잘라 끝에 끼워 사용합니다. 인터넷 베이킹 재료상에서 판매하는 다양한 깍지를 구비해 두시면 더 예쁘게 마카롱 반죽을 짜실 수 있답니다.

스크래퍼

짤주머니 안의 내용물을 깔끔하게 밀어내어 쓸 수 있습니다.

✳ 재료

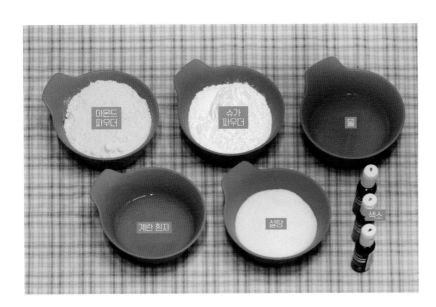

아몬드 파우더

아몬드를 갈아서 만든 제품으로 아몬드 100%와 아몬드 95%, 전분 5% 제품이 있습니다. 아몬드 100%는 전분이 들어가지 않아 고소할 수 있으나, 유분이 많이 나와서 초보자가 다루기 조금 어려울 수 있습니다. 전분이 들어간 제품은 전분이 유분을 잡아주어 초보자도 완벽한 마카롱을 완성할 수 있다는 장점이 있으나, 덜 익으면 전분 맛이 조금 느껴질 수도 있어서 저음에는 전분이 들어간 제품으로 연습해보시고 100% 제품과 조금씩 섞어서 해보시면 더 좋을 것 같습니다.

슈가 파우더

설탕을 갈아놓은 파우더로 마카롱 반죽을 하실 때 꼭 필요한 제품입니다. 아이싱을 만들 때도 필요합니다.

물

이탈리안 머랭에 필요한 시럽을 만들 때 사용합니다.

계란 흰자

머랭을 올리고 마카롱 반죽을 할 때 사용합니다. 노른자가 섞이면 머랭을 올릴 때 실패할 수 있으므로 노른자가 섞이지 않도록 깔끔하게 분리해주세요. 노른자는 따로 보관해두고 앙글레즈 크림을 만들 때 사용합니다.

설탕

백설탕을 준비해주시면 됩니다.

색소

마카롱과 아이싱에 색을 넣을 수 있는 식용색소를 준비해주세요. 식약처에서 허가된 액체로 만든 식용색소를 사용해주시면 됩니다. 천연 가루는 발색이 잘 안 되는 점을 참고해주세요.

마카롱 용어 설명

꼬끄

코크 또는 쉘이라고도 불리며 아몬드 파우더와 슈가 파우더, 설탕 시럽을 섞어 반죽하여 동그랗게 짜서 오븐에 구워내는 제품입니다. 겉은 바삭하고 베어 물었을 때 쫀득하며 부드러움이 느껴집니다.

빼에

오븐에 구워지며 마카롱 반죽 밑면에서 부풀어 오르며 프릴같이 생긴 빼에가 올라옵니다. 마카로나주가 과하게 되면 넓게 퍼진 빼에가 나오며, 마카로나주가 적게 되면 빼에가 올라오지 않기도 합니다.

머랭

흰자와 설탕을 섞어 휘핑기로 휘핑하여 거품을 냅니다. 프렌치 머랭, 이탈리안 머랭, 스위스 머랭 종류가 있습니다. 이 책에서는 이탈리안 머랭법을 사용하는데, 이 머랭법은 끓인 설탕 시럽을 흰자에 붓고 고속으로 휘핑하여 머랭의 유지력이 길어서 캐릭터 마카롱에 적합합니다.

마카로나주

휘핑한 머랭을 체 친 아몬드 가루와 슈가 파우더에 넣고 주걱으로 반죽을 눌러주고 굴려주면서 공기를 빼주며 수분을 만들어내어 반죽의 되기를 맞추는 작업입니다. 마카롱 작업 중 제일 까다로운 부분이며 이 되기를 잘 맞추지 못하면 마카롱 실패 원인이 되기도 합니다.

필링

꼬끄 중간에 들어가는 크림으로 버터가 주가 되는 크림입니다. 초콜릿, 색과 향이 나는 가루류, 잼 등을 섞어서 버터크림에 섞어서 만듭니다. 필링의 수분감으로 인해 마카롱 꼬끄에 수분이 스며들어 촉촉하고 부드러우며 쫀득한 맛을 만들어냅니다.

휘핑

휘핑기를 사용하여 거품을 올리는 작업입니다.

맛있는 꼬끄 만들기

※

마카롱 *꼬끄*를 만들 때 사용하는 머랭법은
프렌치 머랭, 이탈리안 머랭, 스위스 머랭
세 가지입니다. 저는 항상 이탈리안 머랭법
으로 캐릭터 마카롱을 만들어서 이탈리안
머랭법을 소개해드리려 합니다.

TIP
프렌치 머랭 흰자에 설탕을 넣어 휘핑하여 머랭을 올리는 방법
스위스 머랭 흰자와 설탕을 중탕하여 머랭을 올리는 방법

이탈리안 머랭은 흰자를 거품 내면서 뜨거운 시럽을 부어 고속으로 휘핑하여 단단하게 머랭을 올립니다. 그 과
정에서 흰자의 일부가 열로 인해 응고하여 기포가 안정적으로 변해 마카로나주 반죽을 한 뒤에도 유지력이 깁
니다. 따라서 반죽을 짜며 수정하는 데 오랜 시간이 소요되는 캐릭터 마카롱에 아주 적합합니다. 뜨거운 열로
인해 살균 효과도 있으며, 프렌치 머랭보다는 조금 더 달지만 더 쫀득한 식감이 잘 느껴집니다.

재료 (완성된 제품 20~30개 분량)

아몬드 파우더 190g, 슈가 파우더 172g, 설탕 180g, 물 50g, 계란 흰자(1) 80g, 계란 흰자(2) 62g

✳ 주의사항

1 아몬드 파우더와 슈가 파우더는 넓은 스텐볼에 체를 쳐서 준비해주세요.

2 체를 칠 때 빨리 내려가도록 주걱으로 비비면 아몬드 가루에서 유분이 나와서 반죽이 제대로 구워지지 않을 수 있으니, 굵은 체로 두 번
   정도 비비지 않고 살살 체 쳐주세요.

3 설탕과 물은 냄비에 담아주세요.

4 설탕과 물 온도를 체크할 조리용 온도계를 준비해주세요.

5 시간을 체크할 수 있는 타이머를 준비해주세요.

6 계란 흰자(1)은 넓고 깊숙한 스텐볼에 준비해주시고, 계란 흰자(2)는 따로 작은 그릇에 준비해주세요.

1 계란 흰자(1)에 휘핑기를 넣고 속도를 중저속
   으로 돌려줍니다. 휘핑기의 최대 속도가 10
   이라면 3~4로 맞춰주세요.

2 휘핑기를 돌리면서 동시에 냄비의 불을 올려
   줍니다. 시럽이 타지 않도록 약불로 맞춰주세
   요. 조리용 온도계로 117℃까지 올라가는지
   확인하고, 시럽을 끓이는 동안은 절대 젓지 않
   도록 합니다. 시럽이 끓기 전에 휘저으면 설탕
   에 결정이 생겨서 처음부터 다시 해야 합니다.

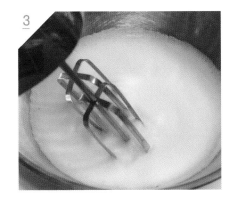

3 시럽의 온도가 오르는 동안, 계란 흰자가 하얗게 변할 때까지 휘핑기를 계속 돌려줍니다. 중간 부분까지 하얗고 뽀얗게 거품이 올라오며 카푸치노 거품처럼 곱고 풍성한 거품이 올라와야 합니다. 주의할 점은 거품이 올라오기 전에 시럽이 온도가 다 되어버려서 시럽을 부어버리면 머랭이 충분히 올라오지 않으므로 꼭 노란기 없이 전체가 희고 풍성한 거품이 만들어지기 전에는 시럽이 117℃가 되지 않도록 불 조절을 잘해주세요.

TIP

시럽의 온도 117℃가 올라가는 속도와 흰자의 거품 올라오는 속도가 같도록 불 조절과 휘핑기 속도를 맞춰서 조절해주셔야 해요. 거품이 올라오는 속도가 시럽이 올라가는 속도보다 느리면 휘핑기의 속도를 높이고 불 조절을 더 약하게 해주세요. 시럽 온도의 올라가는 속도가 느리고 흰자 거품이 너무 많이 올라가면 휘핑기 속도를 줄여 주시고 불 조절을 더 강하게 해주세요.

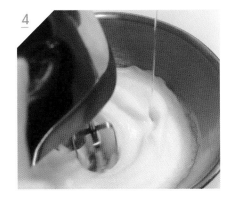

4 흰자의 거품이 전체적으로 하얗고 몽글몽글하게 올라온 상태에서 시럽의 온도가 117℃가 되면 불을 바로 꺼 주시고 온도가 더 올라가지 않도록 가스레인지에서 내려주세요. 휘핑기는 최대 속도로 높여 계속 돌리면서 시럽을 같이 부어주세요. 주의할 점은 시럽을 너무 빠르게 부어버리면 머랭이 올라오지 않으므로 천천히 가장자리에 부어주세요.

TIP

시럽을 넣는 도중에는 휘핑기가 고속으로 계속 돌아가야 합니다. 시럽의 온도가 117℃ 이상으로 높아진 상태에서 부어버리면 흰자가 익을 수 있으므로 온도에 주의해주세요.

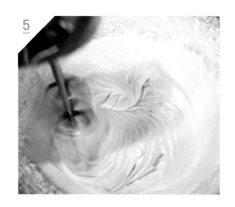

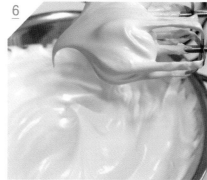

5 흰자 머랭에 거칠게 결이 생길 정도로 약 3~5분 정도 최대 속도로 휘핑해주세요.

6 휘핑기를 멈추고 들어 올렸을 때 독수리 부리처럼 단단하고 뾰족하게 뿔이 설 때까지 고속으로 돌려준 후 약 1분 정도 기포가 안정되도록 1~2단 정도의 저속으로 돌려주고 멈춰줍니다.

7 머랭이 완성되면 바로 체 쳐놓은 가루류가 담긴 넓은 스텐볼에, 그릇에 따로 담아놓은 계란 흰자(2)를 중앙에 부어줍니다.

8 주걱으로 흰자와 가루류를 섞어줍니다. 잘 섞이지 않는다고 가루를 흰자와 주걱으로 비비지 않도록 주의해주시고, 주걱의 날을 세워서 반죽을 가르듯이 섞어줍니다. 주걱으로 비벼 섞으면 아몬드 가루에서 유분이 나와 마카롱에 기름이 뜰 수 있습니다. 사진처럼 대략 가루가 덩어리지면 멈춰주세요.

9 완성해두었던 흰자 머랭에서 3분의 1을 덜어낸 다음 주걱으로 가르듯이 섞어줍니다. 머랭은 세 번에 나눠서 섞어줍니다. 첫 번째 머랭은 과감하게 섞으셔도 괜찮지만 2, 3번째 머랭이 가라앉지 않도록 조심해서 섞어주셔야 합니다.

10 벽을 깨끗하게 긁어주면서 가운데로 모아 반죽을 비비지 않고 가르듯이 섞어주세요. 흰색 머랭이 보이지 않을 때까지 섞어줍니다.

11 남은 머랭의 반을 덜어서 섞어줍니다. 이번에는 반죽을 가르듯이 섞지 않고 날을 세워서 벽을 긁어가면서 반죽을 살살 굴려줍니다. 두 번째 반죽부터는 머랭을 최대한 살려서 살살 굴려주며 흰색이 보이지 않을 때까지 굴려주며 섞어줍니다.

12 마지막으로 남은 머랭을 넣고 최대한 반죽을 굴리며 살살 섞어줍니다. 흰색이 보이지 않을 때까지 벽을 긁으며 반죽을 살살 가운데로 굴려 가며 섞어주세요.

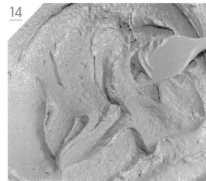

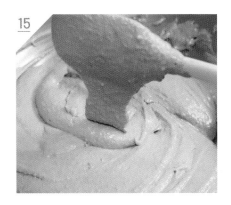

13 반죽이 다 섞이면 식용색소를 원하시는 만큼 넣어줍니다.

14 마카로나주를 시작합니다. 주걱으로 반죽을 눌러서 스텐볼의 벽면으로 펴줍니다. 벽면으로 눌러서 펴준 반죽을 다시 가운데로 동그랗게 모아줍니다. 반죽을 모을 때는 날을 세워서 벽면에 묻은 반죽을 깨끗하게 긁어내 주세요.

15 반죽을 주걱으로 들어 올려서 주르륵 떨어지도록 하여 반죽 상태를 확인해 봅니다.

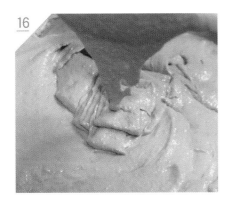

16 제자리에서 떨어뜨려 반죽의 흐름이 계단식으로 주르륵 접히면서 떨어지면 마카로나주 완성입니다. 떨어지는 반죽의 옆면이 얇고 날카로우면서 주르륵 접히며 떨어질 때까지 벽면으로 눌러주며 반죽을 굴려주는 작업을 반복해주세요. 수시로 반죽의 흐름을 확인해야 합니다.

TIP

이 과정을 너무 많이 하면 마카롱이 퍼지거나 마르는 시간이 너무 오래 걸릴 수 있어요. 반대로 이 과정을 너무 적게 하면 마카롱 표면이 고르지 않고 거칠거칠하며 뿔이 많이 설 수 있습니다.

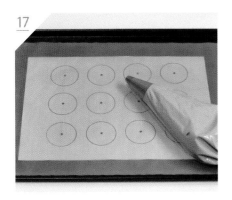

17 오븐 팬과 테프론 시트지 사이에 도안을 끼워 주시고 짤주머니에 깍지를 끼운 후 반죽을 담아 준비해주세요(사진 속 깍지는 10mm입니다).

18 약 1cm 위에서 반죽을 쭉 짜주세요. 깍지를 수직으로 세운 후 위아래로 움직이지 않도록 자세를 고정하고 제자리에서 쭉 짜주셔야 예쁜 동그라미 모양이 나옵니다.

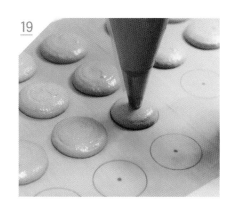

19 모양에 맞추어 반죽을 모두 짜주세요.

20 마카롱 반죽의 기포가 빠지도록 오븐 팬 바닥을 골고루 탕탕 쳐주세요.

21 이쑤시개로 표면의 기포와 뿔을 정리해주세요.

✳ 건조하기

1 표면이 손에 묻어나지 않고 단단해질 때까지 실온에서 1시간 정도 건조해줍니다. 비 오는 날은 잘 안 마를 수 있으므로 제습기나 선풍기를 사용해주셔도 좋아요.

2 컨벡션 오븐을 사용하신다면 50℃ 온도로 오븐 문을 살짝 열어두신 후 30분에서 1시간 정도 표면이 단단해질 때까지 말려주시면 됩니다. 오븐으로 말리면 표면이 더 매끈하고 윤기 나게 말리실 수 있어요.

3 마카롱 꼬끄 표면을 쓰다듬어 보시고 손에 묻지 않고 표면이 단단한 느낌이 날 때까지 말려주세요. 만약 손에 묻어나거나 손에 묻지 않아도 물렁물렁한 느낌이 나면 꼬끄가 덜 마른 상태여서 그대로 굽게 되면 표면이 터지거나, 기름이 뜨거나, 시간 내에 익지 않을 수 있어요.

✳ 오븐으로 구워내기

1 1판 기준 150℃, 15분 이상 예열합니다(2판 이상부터 10℃씩 높여서 예열).

2 마카롱을 오븐에 집어넣고 문을 닫은 후 145℃로 조절해주시고 14분 정도 구워주세요.

3 마카롱 크기가 조금 작거나 커지면 1~2분 정도 덜 굽거나 더 구워주시면 됩니다.

4 오븐마다 온도가 조금 다를 수 있으므로 오븐 온도계를 사용하셔서 정확한 온도를 확인하면 더욱 완벽한 마카롱을 만들 수 있습니다.

5 레시피에서 안내한 시간대로 구우셔도 잘 안 익거나 너무 딱딱해지면 1~2분 정도씩 시간을 늘려가거나 줄여가며 각 오븐에 맞는 시간을 찾아야 합니다.

6 타이머가 울리면 바로 꺼내 주시고, 실온에서 식힌 후 떼어서 밀폐 용기에 보관해주시면 됩니다. 꼬끄를 바로 사용하지 않을 경우 밀폐 용기에 담아 냉동 보관해주시면 1주일 정도까지 보관 가능합니다.

맛있는 필링 만들기

✳

마카롱은 맛있는 _꼬끄_ 도 중요하지만, 그만큼 맛있는 속 크림도 중요하다고 생각합니다. 저희 매장에서 판매하는 레시피로 맛있는 필링을 만드는 방법을 소개합니다. 앙글레즈 버터크림과 크림치즈 버터크림 2가지로 살펴볼까요?

앙글레즈 버터크림은 바닐라 맛이 나는 기본 버터크림입니다. 이대로 드시면 순수한 바닐라 맛을 느낄 수 있으며, 또는 바닐라 맛에 어울리는 각종 잼류, 가루류를 섞어서 필링을 만들면 더 맛있는 마카롱 크림을 만들 수 있답니다.

크림치즈 버터크림은 크림치즈가 들어가는 필링 종류에 기본이 되는 베이스 크림입니다. 이대로 드셔도 깔끔한 순수 크림치즈 필링으로 맛볼 수 있으며, 크림치즈에 어울리는 각종 재료를 섞으면 더 맛있는 필링을 만들 수 있답니다.

✳ 앙글레즈 버터크림

재료 계란 노른자 206g, 설탕 125g, 우유 300g, 바닐라빈 5g, 무염 버터 400g

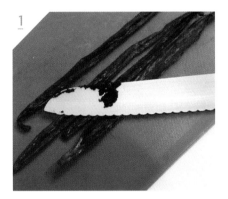

1 바닐라빈을 껍질까지 5g 계량해주시고 속을 갈라서 씨를 다 긁어냅니다.

2 계란 노른자와 설탕을 거품기로 덩어리가 없어질 때까지 섞어주세요.

3 우유에 바닐라빈을 넣어 가장자리만 끓어오를 정도로 데워주세요.

4 데워진 우유를 설탕+노른자에 부어주시고 노른자가 익지 않도록 빠르게 저어주세요.

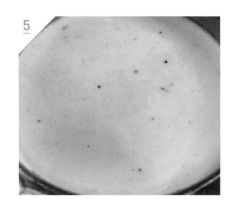

5 82℃가 될 때까지 온도계를 체크하며 주걱으로 눌어붙지 않도록 계속 저어주세요. 82℃가 되면 바로 체에 한 번 걸러 주시고 식혀주세요.

6 무염 버터는 실온에서 말랑말랑해질 정도로 꺼내 두시고, 크림이 식으면 휘핑기 속도를 천천히 올리며 고속으로 5~10분 이상 휘핑해주세요.

7 크림이 완성되면 냉장고에서 살짝 굳힌 후 다시 휘핑해서 사용하시면 됩니다.

TIP

공기가 많이 들어갈수록 크림이 느끼하지 않아요!

✳ 크림치즈 버터크림

재료 크림치즈 250g, 무염 버터 250g, 슈가 파우더 110g

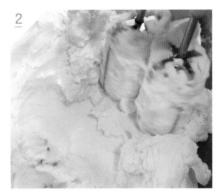

1 실온에서 말랑해진 버터와 크림치즈를 스텐볼에 담아줍니다.

2 버터와 크림치즈를 휘핑기로 섞어주세요.

3 슈가 파우더를 계량해서 넣어주세요. 가루가 튀지 않도록 속도를 천천히 올리면서 5~10분 이상 고속으로 섞어주시면 완성입니다.

#05

마카롱 보관 팁

✳

마카롱을 만드는 작업에서 숙성은 마카롱의 쫀득함을 좌우하는 중요한 요소라고 생각합니다. 마카롱을 만드신 후 바로 드시면 _꼬끄_의 필링에 들어 있는 수분이 제대로 스며들지 않아서 촉촉함과 쫀득함을 제대로 느끼실 수 없고, 딱딱함만 느껴질 수 있답니다. 그래서 마카롱을 제대로 보관하는 방법을 알려드립니다!

1 마카롱 필링을 *꼬끄*에 짠 후 냉장고 속 다른 음식 냄새가 스며들지 않도록 꼭 밀폐 용기에 보관해주세요.
   12시간 정도 숙성한 다음 드시면 쫀득쫀득한 식감을 느끼실 수 있을 거예요.

2 숙성 온도는 2~3℃ 정도가 적당하며, 온도가 높을수록 숙성이 빨리 진행됩니다.

3 냉장고 온도가 높으면 12시간 전에 마카롱을 꺼내어 드셔 보신 후에 먹기 좋은 상태로 숙성되었으면 냉동
   보관해주시고, 드시기 전에 꺼내서 살짝 녹여 드시면 숙성됐을 때의 식감이 그대로 전해집니다.

\#

초보자도 쉽게 만드는 뚱카롱

Squeeze

뚱카롱 짜기 연습

✳

뚱뚱한 마카롱을 줄여 뚱카롱이라 부르는데, 요즘 트렌드인 소확행과 가성비의 묘한 결합이 한국의 간식 문화에 새로운 열풍을 불러일으킨 것 같아요.

이번 시간에는 보기만 해도 배부른 뚱카롱을 만들어 보기 전에 예쁜 모양으로 짜는 연습을 해볼 거예요. 압도적 크기와 입안 가득 행복을 채워주는 뚱카롱 만들기 함께 해봅시다!

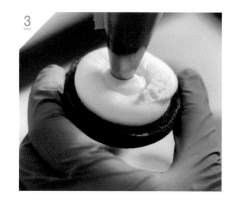

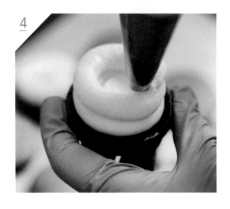

1 한 손으로 꼬끄를 잡아주시고 다른 손으로 짤주머니를 수직으로 세웁니다.

2 바깥부터 한 바퀴 둘러서 짜주세요. 마카롱 꼬끄 짤 때와 마찬가지로 1cm 정도
   띄우신 후 천천히 짜주세요.

3 가운데 빈 부분을 채워주세요.

4 윗부분도 똑같은 크기로 한 바퀴 동그랗게 짜주세요.

5   가운데 부분도 똑같이 채워주세요.

6   윗뚜껑 꼬끄를 예쁘게 닫아줍니다.

7   두꺼운 필링을 원하시면 10mm 깍지로 2단 짜
    주시고, 얇은 필링을 원하시면 803번 깍지로
    2단 짜주시면 적당한 뚱카롱이 완성됩니다.

TIP

필링 1단을 짜주신 뒤 2단을 바로 올리기 어려우시다면, 뚜껑 부분에 1단을 따로 짜고 합쳐주는 것이 훨
씬 수월합니다. 앞으로 소개해드릴 마카롱 레시피에서는 두 가지 함께 사용해서 필링을 짜보았습니다.

Oreo Cream cheese

07

오레오 크림치즈

✳

크림치즈 버터크림 베이스에 오레오 가루를 넣어서 단짠단짠한 맛을
느낄 수 있는 오레오 크림치즈 마카롱을 만들어 볼게요.
호불호 없이 거의 모든 사람이 좋아하는 맛이랍니다.

이탈리안 머랭 꼬끄

반죽 아몬드 파우더 190g, 슈가 파우더 172g, 계란 흰자 62g
시럽 설탕 180g, 물 50g
머랭 계란 흰자 80g
색소 셰프마스터 스카이블루 조금 + 화이트 색소 소량

필링

크림치즈 버터크림 100g,
오레오 분태 30g

1 크림치즈 버터크림에 오레오 가루를 넣어줍니다.

2 휘핑기로 섞어준 뒤 짤주머니에 803번 깍지를 끼워 담아줍니다.

3 원하시는 굵기의 깍지로 동그랗게 한 단 짜주세요.

4 뚜껑 부분을 뒤집어서 다시 한 단 짜주시고 하나로 합쳐서 살짝만 붙도록 눌러주세요.
   바로 밀폐 용기에 담아 냉장 보관해서 크림을 굳혀주세요.

Black sesame Injeolmi

08

흑임자 인절미

✳

고소하고 달콤한 흑임자 크림에 고소한 콩가루가 버무려져, 남녀노소 모두 좋아하는 한국적인 맛인 흑임자 인절미 마카롱을 만들어 볼게 요. 콩가루와 흑임자 덕분에 많이 달지 않아서 어른들도 좋아하시는 맛이랍니다.

이탈리안 머랭 꼬끄

반죽 아몬드 파우더 190g, 슈가 파우더 172g, 계란 흰자 62g

시럽 설탕 180g, 물 50g

머랭 계란 흰자 80g

색소 셰프마스터 레드레드 조금

필링

앙글레즈 버터크림 100g,

흑임자 가루 18g,

인절미용 콩가루 넉넉히

1 앙글레즈 버터크림에 흑임자 가루를 넣어주세요.

2 골고루 잘 섞이도록 휘핑기로 휘핑해주세요.

3 아랫면을 깍지로 예쁘게 1단 짜주세요.

4 뚜껑 부분도 1단 짜주시고 위아래 합친 다음 냉장고에서 굳혀줍니다.

5 냉장고에서 크림이 단단하게 굳으면 꺼내주시고, 인절미용 콩가루를 넉넉히 준비해주세요.

6 콩가루를 듬뿍듬뿍 골고루 묻혀주시면 완성입니다.

Ganache

가나슈

✳

다크 커버춰 초콜릿이 들어가 깊은 초콜릿 맛을 느낄 수 있는 가나슈 마카롱을 만들어 볼게요. 가나슈 마카롱은 달달하지만 생초콜릿의 맛이 잘 느껴져서 초콜릿을 좋아하신다면 강력 추천해 드리는 맛이랍니다.

이탈리안 머랭 꼬끄

반죽 아몬드 파우더 190g, 슈가 파우더 172g, 계란 흰자 62g
시럽 설탕 180g, 물 50g
머랭 계란 흰자 80g
색소 셰프마스터 티얼그린

필링

칼리바우트 다크초콜릿 100g,
동물성 생크림 80g,
무염 버터 20g,
초코칩 적당량

1 냄비에 생크림을 넣고 가장자리만 끓어오를 정도로 데워줍니다. 칼리바우트 다크초콜릿은 따로 스텐볼에 담아 준비해주세요.

2 생크림 전체가 끓어오르면 막이 생기므로 가장자리만 끓을 때까지 데워주시고, 데워진 생크림을 초콜릿에 부어주세요. 생크림이 너무 뜨거우면 초콜릿이 분리될 수 있답니다. 생크림과 초콜릿을 덩어리지지 않게 골고루 섞어주세요.

3 생크림을 부어내고 아직 따뜻한 냄비에 작게 잘라둔 버터를 넣어서 녹여주세요.

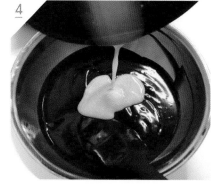

4 잘 녹은 버터를 생크림과 섞어둔 초콜릿에 골고루 섞어주세요. 모두 섞은 후 실온에 두고 적당히 꾸덕꾸덕해지면 짤주머니에 담아주세요.

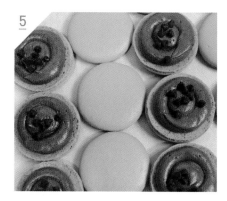

5 2단으로 동그랗게 짜주세요. 중앙에 초코칩을 넣어주시면 식감이 더 좋답니다.

Double cheese Cracker

10

더블치즈 크래커

＊

단짠단짠 황치즈와 크림치즈 속에 크래커가 들어가서 더욱 더 바삭한 식감을 느낄 수 있는 더블치즈 크래커 마카롱을 만들어 볼게요. 크림이 2단으로 들어가 있어서 깊은 치즈의 맛을 느낄 수 있답니다.

이탈리안 머랭 꼬끄
반죽 아몬드 파우더 190g, 슈가 파우더 172g, 계란 흰자 62g
시럽 설탕 180g, 물 50g
머랭 계란 흰자 80g
색소 셰프마스터 골든옐로, 레드레드 1:1 비율

필링
크림치즈 버터크림 100g,
황치즈 가루 5g

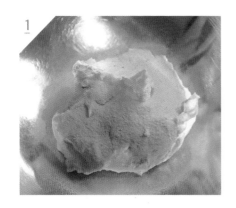

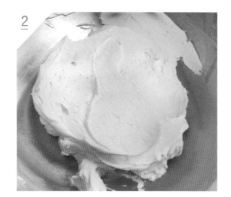

1 크림치즈 버터크림에 황치즈 가루를 넣어주세요.

2 휘핑기로 가루가 보이지 않도록 골고루 섞어주세요.

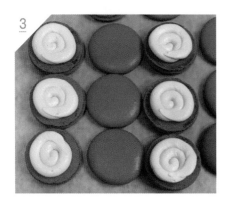

3 꼬끄에 깍지로 1단 크림을 짜주세요.

4 1단 크림 위에 크래커를 올려주시고 그 위에 2단 크림을 짜주세요. 뚜껑을 덮어주시면 완성입니다.

Caramel Macchiato

11

캐러멜 마끼아또

커피와 바닐라의 맛을 함께 느낄 수 있는 캐러멜 마끼아또 마카롱을 만들어 볼게요. 수제 캐러멜소스가 들어가서 더욱 달콤하고 고급스러운 맛이 느껴진답니다.

이탈리안 머랭 꼬끄

반죽 아몬드 파우더 190g, 슈가 파우더 172g, 계란 흰자 62g

시럽 설탕 180g, 물 50g

머랭 계란 흰자 80g

색소 셰프마스터 레드레드

필링

캐러멜 설탕 145g, 물 25g, 생크림 145g, 꽃소금 한 자밤

커피크림 앙글레즈 버터크림 100g, 블랙커피 가루 2g, 커피 엑기스 1g

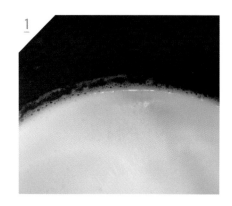

1   생크림을 냄비에 넣고 가장자리만 끓어오를
    정도로 데워주시고 불에서 내려주세요.

2   물과 설탕을 냄비에 넣고 갈색으로 변할 때까
    지 끓여주세요. 절대 젓지 않도록 주의해주세
    요(시럽을 중간에 저으면 결정이 생깁니다).
    시럽이 갈색으로 변하면 불을 잠깐 꺼주세요.

3   갈색으로 변한 시럽에 데워 놓은 생크림을 아
    주 조금씩 넣어주시면서 실리콘 주걱으로 빠
    르게 저어주세요. 생크림이 들어가면서 시럽
    이 용암처럼 끓어오르며 부풀어 오릅니다. 김
    도 아주 뜨거우니 화상에 조심하시고 꼭 조금
    씩 살살 부어주세요.

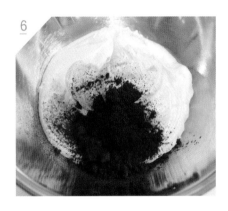

4 생크림을 다 넣어서 골고루 섞어주시고 불을
   아주 약불로 틀어주세요. 소금도 한 자밤 넣어
   줍니다.

5 약간 걸쭉해질 정도로 끓인 다음 저어주시면
   캐러멜이 완성됩니다. 너무 오래 끓이면 식은
   후 아주 딱딱해질 수도 있답니다. 실온에서 완
   벽하게 식은 후 사용해주세요.

6 앙글레즈 버터크림에 커피 엑기스와 분말커피
   를 넣어주세요.

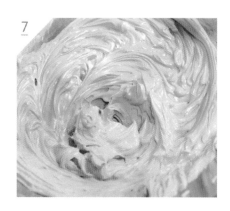

7   가루가 골고루 섞일 때까지 휘핑해주세요.

8   꼬끄 위에 기본 앙글레즈 크림(바닐라 맛)을
    1단 짜주시고, 그 위에 완벽하게 식은 캐러멜
    을 뿌려주세요.

9   뚜껑 꼬끄에 커피크림을 1단 짜주시고 아래 꼬
    끄와 합쳐주세요.

Chocolate Milk

12

초코우유

✳

최고 인기 메뉴 중 하나인 초코우유 맛 마카롱을 만들어 볼게요. 바닐라 크림에 초코가 들어가서 더욱더 깊은 풍미가 느껴지며, 발로나 파우더를 사용하면 달지 않고 맛있는 초코 맛을 맛보실 수 있답니다.

이탈리안 머랭 꼬끄

반죽 아몬드 파우더 190g, 슈가 파우더 172g, 계란 흰자 62g
시럽 설탕 180g, 물 50g
머랭 계란 흰자 80g
색소 셰프마스터 버크아이브라운 + 콜블랙 아주 조금

필링

앙글레즈 버터크림 100g,
달지 않은 코코아 가루
(발로나 파우더) 4g

1 앙글레즈 버터크림에 달지 않은 코코아 가루를 넣어주세요. 베이킹 재료상에서 판매하는 발로나 파우더를 사용하시면 맛있답니다.

2 가루가 보이지 않을 때까지 골고루 휘핑해주세요.

3 꼬끄 위에 195K 깍지로 1단을 짜주세요.

4 뚜껑 꼬끄에도 1단을 짜주시고 두 개를 합쳐주시면 완성입니다.

Yogurt

13

요거트

＊

새콤달콤 잼에 잘 어울리는 요거트 마카롱을 만들어 볼게요. 집에 있는 잼을 요거트 마카롱 크림 안에 넣어보시면 맛있는 새콤달콤 상큼한 과일잼 요거트 맛을 느끼실 수 있답니다.

이탈리안 머랭 꼬끄

반죽 아몬드 파우더 190g, 슈가 파우더 172g, 계란 흰자 62g
시럽 설탕 180g, 물 50g
머랭 계란 흰자 80g
색소 셰프마스터 레드레드 아주 조금, 윌튼 화이트 색소 조금

필링

크림치즈 버터크림 100g,
요거트 가루 18g,
레몬즙 1g, 라즈베리잼

1 크림치즈 버터크림에 요거트 가루와 레몬즙을 넣어주세요.

2 요거트 가루가 다른 가루류에 비해 두꺼운 편이어서 잘 섞일 때까지 오래오래 섞어주세요.

3 위의 크림만 짜주시면 일반 요거트 맛이 된답니다. 가운에 잼을 넣어주시려면 잼의 수분으로 과하게 숙성되는 것을 방지하기 위해 꼬끄 중앙 부분을 얇게 조금 짜주세요.

4 가운데 짠 크림 주위로 1단 크림을 짜주시고, 그 위에 똑같은 크기로 한 바퀴 더 올려주세요. 가운데 구멍이 생기도록 만들어주시면 됩니다.

5 라즈베리잼을 가운데 구멍에 넘치지 않도록 담아주세요. 위 뚜껑에도 아래 꼬끄처럼 중앙에만 조금 발라주시고 뚜껑을 덮어주시면 완성입니다.

14

앙버터

앙버터

버터가 들어가지만 느끼하지 않은 베스트 메뉴 앙버터 마카롱을 만들어 볼게요. 무염 버터와 통팥이 들어가서 고소하고 건강한 맛을 느끼실 수 있으며, 바닐라 맛 크림이 앙금과 버터가 잘 어우러지게 해준답니다.

이탈리안 머랭 꼬끄

반죽 아몬드 파우더 190g, 슈가 파우더 172g, 계란 흰자 62g

시럽 설탕 180g, 물 50g

머랭 계란 흰자 80g

색소 셰프마스터 버크아이브라운, 골든옐로 1:1 비율

필링

앙글레즈 버터크림,

통팥앙금, 무염 버터

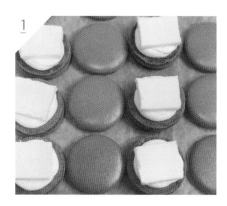

1 　앙글레즈 버터크림(바닐라 맛)을 꼬끄 위에
　1단 짜주세요. 그 위에 무염 버터를 마카롱 크
　기만큼 얇게 잘라서 올려주세요.

2 　통팥앙금을 12g씩 나누어 동그랗고 납작하게
　빚어서 버터 위에 올려주세요.

3 　앙금 위에 앙글레즈 버터크림을 1단 짜주시면
　완성입니다.

Red Wine Fig

15

레드와인 무화과

✳

진짜 와인이 들어간 레드와인 무화과 마카롱을 만들어 볼게요. 레드와인으로 무화과를 직접 졸여서 크림치즈 크림 사이에 넣어주면 와인 안주로도 손색없는 고급 수제 마카롱이 완성된답니다.

이탈리안 머랭 꼬끄

반죽	아몬드 파우더 190g, 슈가 파우더 172g, 계란 흰자 62g
시럽	설탕 180g, 물 50g
머랭	계란 흰자 80g
색소	셰프마스터 레드레드, 버크아이브라운 조금

필링

크림치즈 버터크림,
건무화과 200g,
설탕 100g, 레드와인,
시나몬 파우더, 레몬즙

1   건무화과를 반으로 잘라주시고 냄비에 설탕과 함께 넣어주세요. 레드와인을 무화과가 잠길 만큼만 넣어주세요.

2   중간불에 졸이면서 눌어붙지 않게 계속 저어 주세요.

3   레드와인이 사진처럼 졸아들면 레몬즙을 한 바퀴 뿌려주세요.

4 시나몬 파우더를 취향대로 뿌려주세요.

5 와인이 모두 졸아들 때까지 저어주시면 레드 와인 무화과 조림이 완성됩니다. 완전히 식힌 다음 냉장 보관해주세요.

6 크림치즈 버터크림으로 꼬끄 가운데 바닥 면 만 얇게 발라주세요.

7 바닥 면에 발라놓은 크림치즈 버터크림
의 중심을 기준으로 구멍을 만들어 한
바퀴 둘러주세요.

8 완전히 식은 무화과조림을 중앙에 넘치
지 않게 넣어주세요.

9 뚜껑 면 꼬끄도 아랫부분과 똑같이 짜
주신 다음 합쳐주시면 완성입니다.

Canned Corn

마약 옥수수

✳

자꾸만 먹고 싶은 중독적인 맛이 느껴지는 마약 옥수수 마카롱을 만들어 볼게요. 단짠단짠한 맛과 옥수수 알갱이가 톡톡 터지는 식감이 어우러져서 계속 먹고 싶어질 거예요.

이탈리안 머랭 꼬끄

반죽 아몬드 파우더 190g, 슈가 파우더 172g, 계란 흰자 62g

머랭 계란 흰자 80g

시럽 설탕 180g, 물 50g

색소 셰프마스터 골든옐로

필링

크림치즈 버터크림 100g, 황치즈 가루 5g, 파마산 가루 5g

옥수수 양념 옥수수 통조림 1캔, 마요네즈 큰 수저 한 스푼, 파마산 큰 수저 한 스푼

1 크림치즈 버터크림에 황치즈 가루와 파마산
   가루를 넣어주세요.

2 휘핑기로 가루들이 보이지 않도록 잘 섞어주
   세요.

3 옥수수 통조림의 물기를 제거해주세요.

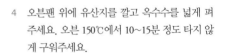

4 오븐팬 위에 유산지를 깔고 옥수수를 넓게 펴
   주세요. 오븐 150℃에서 10~15분 정도 타지 않
   게 구워주세요.

5 구워서 수분이 빠진 옥수수가 한 김 식으면 마
   요네즈 한 스푼을 넣어주세요.

6 파마산 가루도 한 스푼 넣어서 버무려 주세요.

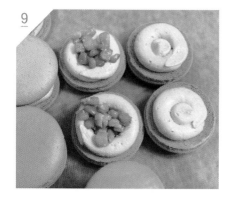

7   꼬끄 가운데 부분을 얇게 짜주시고 겉에만 한 바퀴 돌려주세요.

8   구멍 안에 옥수수를 가득 채워주세요.

9   뚜껑 부분에 따로 1단을 짜주시고 덮어주시면 완성입니다. 옥수수에는 수분이 많으므로 옥수수가 꼬끄 부분에 직접 닿지 않도록 주의해 주세요.

Crispy Crunch

17

돼지바

✳

바닐라 맛 사이에 빠진 딸기잼이 사랑스러운 궁합을 자아내는 돼지바
마카롱을 만들어 볼게요. 크런치의 식감은 바닐라 딸기 맛과 함께 입
안을 행복해지게 해준답니다.

이탈리안 머랭 꼬끄

반죽   아몬드 파우더 190g, 슈가 파우더 172g, 계란 흰자 62g
시럽   설탕 180g, 물 50g
머랭   계란 흰자 80g
색소   윌튼 화이트 색소 조금

필링

앙글레즈 버터크림,
딸기잼, 오레오 가루,
갈색 쿠키 크런치 가루

1   요거트 마카롱 필링과 같은 모양으로 짜주시고 중앙에 딸기잼을 넣어주세요. 뚜껑 부분에도 잼이 닿지 않도록 윗부분에 크림을 바른 다음 뚜껑을 덮어주세요. 냉장고에서 크림이 단단해질 때까지 굳혀주세요.

2   갈색 쿠키 크런치 가루와 오레오 가루를 1:1 비율로 섞어주세요.

3   토핑을 손으로 꾹꾹 눌러주며 붙여주세요. 마카롱을 단단하게 굳힌 뒤 묻혀주셔야 크림이 녹으면서 모양이 망가지는 것도 방지하고, 예쁘게 완성할 수 있답니다.

Green Tea Ganache

18

녹차 가나슈

✳

녹차와 초코가 만나서 맛의 숲을 이루는 녹차 가나슈 마카롱을 만들어
볼게요. 녹차의 쌉싸름한 맛과 달콤한 가나슈가 잘 어우러져서 많이
달지 않으며, 커피와 함께 드시면 정말 맛있답니다.

이탈리안 머랭 꼬끄

반죽 아몬드 파우더 190g, 슈가 파우더 172g, 계란 흰자 62g

시럽 설탕 180g, 물 50g

머랭 계란 흰자 80g

색소 셰프마스터 스카이블루, 골든옐로 1:1 비율,
버크아이브라운 아주 조금

필링

앙글레즈 버터크림 100g,

말차 가루 7g,

슈가 파우더 7g,

가나슈크림

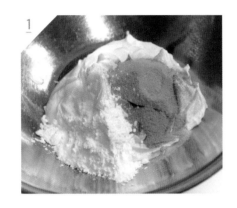

1 앙글레즈 버터크림에 말차 가루와 슈가 파우더를 넣어주세요.

2 가루들이 완벽하게 섞일 때까지 휘핑해주세요.

3 아래 꼬끄 면에 크림을 얇게 발라주시고 겉에만 크림을 2단으로 짜주셔서 구멍을 만들어주세요.

4 가운데 구멍에 가나슈 크림을 가득 넣어준 다음 뚜껑을 닫아주시면 완성입니다.

Chapter 3

실패 없는 아이싱 연습하기

#19

아이싱 만들기

✳

슈가 파우더

월튼머랭
파우더

계란 흰자

물

세프마스터 색소

레몬즙

마카롱에 그림을 그리기 위해 필요한 재료
들을 소개해드릴게요.

마카롱은 포장을 해야 돼서 단단하게 굳는
성질을 가진 아이싱으로 그림을 그려주면
유지력도 좋고, 포장하기에도 편리하답니다.

아이싱을 만드는 두 가지 방법을 함께 알아
볼까요?

✳ 계란 흰자로 아이싱 만들기

재료 계란 20g, 슈가 파우더 130g, 레몬즙 3g

간단하게 집에 있는 흰자로 만들 수 있는 아이싱입니다. 익히지 않는 흰자가 들어가므로 바로바로 당일 사용해 주시는 게 좋아요!

1 계란 하나를 깨서 노른자와 알끈은 제거해주시고, 남은 흰자 반 정도만 그릇에 덜어주세요. 슈가 파우더도 함께 넣어줍니다.

2 꾸덕꾸덕한 질감이 나올 때까지 섞어주세요. 슈가 파우더는 원하시는 질감이 나올 때까지 계속 추가해가며 섞어주시면 됩니다.

3 마지막으로 살균효과를 위해 레몬즙을 1~2방울 첨가해주세요.

✳ 머랭 파우더로 아이싱 만들기

재료 윌튼머랭 파우더 5g, 슈가 파우더 205g, 물 28g, 레몬즙 2g

머랭 파우더 아이싱을 만드는 방법입니다. 윌튼사에서 나온 파우더 형태의 흰자 분말로 바닐라 향이 나서 흰자 비린내가 나지 않아요. 재료가 조금 비싸지만, 보관기간이 길다는 장점이 있습니다. 색을 넣지 않은 흰색 상태에서 밀폐 용기에 담아 3~4일 정도 보관이 가능해요.

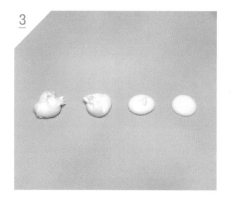

1 모든 재료들을 스텐볼에 넣고 주걱으로 섞어 주세요.

2 가루들이 보이지 않을 때까지 꾸덕꾸덕하게 저어주시면 완성입니다.

3 슈가 파우더를 많이 넣으면 질감이 단단해지며, 물을 추가하면 흐르는 질감이 됩니다. 꾸덕한 질감으로는 테두리 선을 그려주시면 좋고, 묽은 질감으로는 넓은 부분을 칠해주시면 좋아요.

4 흰색 아이싱에 식용색소를 넣어서 색을 만들어 주세요.

5 아이싱을 사용하실 만큼만 그릇에 덜어서 색소를 한 방울씩 추가하면서 주걱으로 섞어주세요. 색소를 한 번에 너무 많이 넣지 마시고 섞으면서 조금씩 추가해주시면 원하는 색을 만들기 훨씬 수월하답니다.

※ 셰프마스터 색소를 사용한 아이싱 컬러

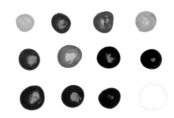

분홍 레드레드 조금

주황 레드레드+골든옐로 1:1 비율

초록 티얼그린+골든옐로 조금

보라 바이올렛

갈색 버크아이브라운

블랙 콜블랙+버크아이브라운 조금

빨강 레드레드

노랑 골든옐로

파랑 스카이블루

남색 콜블랙+스카이블루

고동색 버크아이브라운+콜블랙

흰색 무색소

20

아이싱 연습하기

마카롱에 그림을 그리기 위해서는 먼저 아이싱 선을 그리는 연습이 필요합니다. 아이싱은 너무 묽으면 선이 퍼져버리므로 단단한 질감으로 그려주시면 예쁜 그림이 나온답니다. 단단한 질감은 손에 무리가 가기 때문에 다루기가 어려워서 먼저 연습을 해주시는 게 중요해요.

아이싱을 그릴 때에는 짤주머니에 〈0번, 1번〉 두 가지 깍지를 끼워서 연습해주시면 좋습니다. 캐릭터 마카롱에 사용하는 깍지는 대부분 0번과 1번 깍지입니다.

<u>1</u>

<u>2</u>

1   곧은 직선이 나올 수 있도록 연습해주세요.

2   동글동글한 곡선이 나올 수 있도록 연습해
    주세요.

<u>3</u>

<u>4</u>

<u>5</u>

3   한 자리에서 쭉 짜서 동그라미를 만들어주세
    요. 동글동글한 눈알 같은 동그라미가 나올 수
    있도록 다양한 크기로 연습해주세요.

4   지그재그와 하트, 세모, 네모 등 다양한 모양
    을 연습해주세요.

5   하트는 동그라미로 짜고 힘을 밑으로 쓱 빼내
    어 물방울 모양을 만들어줍니다. 거꾸로 된 물
    방울이 두 개 이어지면 하트가 되고, 다섯 개
    가 만나면 꽃이 된답니다.

21

기본 얼굴

*

캐릭터 마카롱을 만들기 전에 마카롱 위에 다양한
얼굴을 먼저 그려볼게요.

기본 동그라미 *꼬끄* 위에 얼굴만 그려주어도 아주
귀여운 마카롱이 완성된답니다.

앞으로 만들어 볼 캐릭터 마카롱에 들어가는 얼굴
들을 먼저 연습한 다음, 캐릭터 *꼬끄* 위에 그린다면
더 예쁘게 그리실 수 있을 거예요.

<u>1</u>

<u>2</u>

<u>3</u>

<u>4</u>

1 동글동글한 눈알을 짜주세요. 깍지 구멍 크기를 확인하고, 깍지 구멍 크기만큼의 높이에서 움직이지 말고 쭉 짜주세요. 원하는 크기의 동그라미가 나오면 힘을 빼고 손을 떼주세요.

2 뿔이 생기면 이쑤시개로 다듬어 주세요.

3 눈알 밑에 웃는 입을 그려줍니다.

4 분홍색으로 귀여운 볼 터치를 그려주세요.

토끼 얼굴

1

2

3

4

5

1 꼬끄 중앙에 흰색으로 물방울을 그려주세요.

2 물방울 두 개를 가운데로 이어줍니다.

3 가운데 검은색으로 코를 그려주세요.

4 코 위에 눈알 두 개를 그려주세요.

5 양쪽에 분홍색으로 볼 터치를 그려주세요.

#23

강아지 얼굴

✳

1

2

3

4

5

1 꼬끄 위에 눈알 두 개를 그려주세요. 눈 조금 아랫부분 중앙에 큰 동그라미를 그려서 코를 만들어주세요.

2 코 밑에 세로로 직선을 그리고, 직선 밑에 시옷을 그려주시면 강아지 입이 완성됩니다.

3 눈 위에 흰색으로 눈썹을 그려주세요.

4 입 밑에 분홍색으로 혀를 그려주세요.

5 양쪽에 분홍색으로 볼 터치를 그려주시면 완성입니다.

윙크하는 표정

1

2

3

4

1 동그란 눈알과 같은 직선상의 거리에 '<' 모
양을 그려주세요.

2 눈알 밑에 웃는 입을 그려주세요.

3 눈 위에 웃는 눈썹 모양을 그려주세요.

4 볼 양쪽에 빨간 하트 모양 볼 터치를 만들어
주세요.

소주 레터링

✳

1

2

3

4

5

1 꼬끄 3분의 1 위 지점에 사선으로 점 하나를 찍어주세요.

2 점 밑에 'ㅊ'을 한 획씩 천천히 그려줍니다.

3 'ㅊ' 옆에 'ㅏ'를 그려주세요.

4 '차' 글자 밑에 'ㅁ'을 그려주세요.

5 '참' 글자 옆에 'ㅅ'을 그려주세요. 뾰족한 부분은 손에 힘을 살짝 빼고 펜을 흘리듯이 그려주시면 됩니다.

<u>6</u>

<u>7</u>

<u>8</u>

<u>9</u>

<u>10</u>

6　'ㅅ' 밑에 'ㅗ'를 그려주세요.

7　'소' 글자 옆에 'ㅈ'를 그려주세요.

8　'ㅈ' 밑에 'ㅜ'를 그려주세요.

9　글씨 밑에 초록색으로 나뭇잎 느낌의 물방
　　울 모양을 그려주세요.

10　왼쪽 위에 빨간 네모 박스를 작게 그려주시
　　면 완성입니다.

26

소년 얼굴

✳

1

2

3

4

5

1 꼬끄 중앙에 눈꺼풀을 그려주세요.

2 눈알 두 개를 그려주시고 경계선은 이쑤시
개로 다듬어주세요.

3 눈 밑에 웃는 입을 그려주세요.

4 입 위쪽에 직선을 그려서 벌린 입 모양을 만
들고, 빨간색으로 입속을 채워주세요.

6 볼 양쪽에 볼 터치를 그려주시면 완성입니다.

#27

하트뿅뿅 얼굴

✳

1

2

1 아래쪽으로 향한 물방울 한 개를 그려주세요.

2 반대쪽에 물방울 한 개를 더 그려서 하트 모
   양을 만들어주세요.

3

3 양쪽에 하트를 그려주시고 가운데 코를 그
   려주세요.

4

5

4 두 눈 밑에 각각 입꼬리 점을 그려주세요.

5 양쪽 입꼬리가 연결되도록 웃는 입을 그려
주세요.

6

6 볼 양쪽에 볼 터치를 그려주시고 하트 눈 위
에 눈썹도 그려주시면 완성입니다.

#28

블링블링 눈

✳

1

2

3

4

1 왼쪽에 직선 한 개를 그려주세요.

2 아래에 같은 길이의 직선을 한 개 더 그어주세요.

3 직선 한 개를 더 그어서 총 세 줄을 만들어주세요.

4 오른쪽에도 똑같이 직선 줄 세 개씩 그린 다음 가
  운데 코를 그려주세요.

5

5 눈 밑에 큰 입을 그려주시고 양 쪽에 볼 터치를
그려주세요.

6

6 아래로 향한 눈썹을 그려주고, 눈 위에 흰색으
로 점 두 개를 각각 찍어주시면 완성입니다.

우는 얼굴

✳

1

2

3

4

1 웃는 모양의 눈꺼풀 두 개를 그려주세요.

2 동그란 눈알 두 개를 그려주세요. 뾰족한 빨
   은 이쑤시개로 다듬어주세요.

3 구불구불한 입을 일직선으로 그려주세요.

4 파란색으로 양쪽에 물방울 모양의 눈물을
   그려주세요.

드라큘라 얼굴

✳

1

2

3

4

5

1 화난 듯한 느낌이 나도록 눈꺼풀 두 개를 그려
   주세요.

2 눈꺼풀 밑에 가려진 눈알 두 개를 그려주세요.

3 뾰족한 코와 살짝 삐뚤어진 입을 그려주세요.

4 입 아래 양쪽에 흰색으로 뾰족한 이빨을 그려주
   시고 오른쪽 입가에 빨간 핏방울을 그려주세요.

5 방향이 서로 다른 눈썹을 2개 그려주시면 완성
   입니다.

마녀 얼굴

<u>1</u>

<u>2</u>

<u>3</u>

<u>4</u>

<u>5</u>

1　화난 듯한 느낌이 나도록 눈꺼풀 두 개를 그려주세요.

2　눈꺼풀 밑에 가려진 눈알 두 개를 그려주세요.

3　앞쪽으로 기울어진 화난 눈썹과 뾰족한 코를 그려주세요.

4　왼쪽에 빨간색으로 물방울 모양을 그리고, 물방울 꼬리가 서로 반대 방향이 되도록 반대편에도 윗입술을 그려주세요.

5　아랫입술을 그려주시면 완성입니다.

호박 얼굴

✳

1

2

3

4

1 세모 모양 눈을 그려주세요. 경계선이 생기
   면 이쑤시개로 빠르게 다듬어주세요.

2 양쪽 세모 눈 사이에 작은 크기의 세모 코를
   그려주세요.

3 세모 눈 위에 화난 눈썹을 그려주세요.

4 삐뚤빼뚤 지그재그 모양의 입을 그려주시면
   완성입니다.

해골 얼굴

✳

1

1 커다랗게 뚫린 눈알을 양쪽에 그려주세요.

2

2 양쪽 눈 사이에 콧구멍 2개를 그려주세요.

<u>3</u>

<u>4</u>

3   울상인 듯한 눈썹과 바느질한 듯한 입을 그려주세요.

4   양쪽 볼에 볼 터치를 그려주시면 완성입니다.

Chapter 4

\#

개성 만점 캐릭터 마카롱

Character

TIP
짤주머니의 끝을 가위로 자르실 때 대각선이 아닌 일직선이 되도록 반듯하게 잘라주셔야 반죽을 예쁘게 짤 수 있습니다.

일반 마카롱처럼 동그란 모양이 아닌 캐릭터 마카롱은 모양과 크기가 달라서 굽는 시간도 제각각입니다.

또한 반죽을 짤 때, 도안마다 크기가 다르니 다양한 사이즈의 깍지를 사용하시면 좋습니다. 저는 깍지를 따로 사용하지 않고, 짤주머니 끝을 크기에 맞게 가위로 잘라서 사용합니다. 깍지를 꼭 사용해야 하는 도안에는 표시를 해드리고, 따로 표시가 없는 캐릭터는 비닐 짤주머니 끝을 가위로 조금씩 잘라서 사용하시면 됩니다.

Cloud

34

구름 마카롱

✳

귀여운 하늘색 구름 모양의 마카롱을 만들어 볼게요. 몽실몽실한 구름 그대로도 귀엽지만, 얼굴을 그려 넣으면 깜찍한 느낌으로 시선을 확 끄는 마카롱이 된답니다.

이탈리안 머랭 꼬끄

반죽 아몬드 파우더 190g, 슈가 파우더 172g, 계란 흰자 62g
시럽 설탕 180g, 물 50g
머랭 계란 흰자 80g
색소 셰프마스터 스카이블루, 윌튼 화이트 색소

말리는 시간 겉 표면을 쓰다듬었을 때 말랑함이 없어질 때까지(실온건조 ○ 오븐건조 시 50℃)
예열 시간 한 판 기준 150℃, 10분(1판씩 늘어날 때마다 예열온도를 10℃씩 올려주세요)
굽는 시간 145℃, 13~14분
깍지 803번

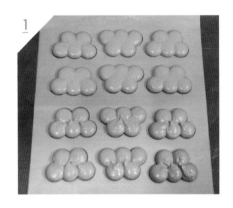

1 803번 깍지를 짤주머니에 끼워주시고, 구름 모양의 도안 위에 동그라미 모양으로 구름 형태를
이어서 짜주세요.

2 이쑤시개로 동그라미 가운데 생긴 이음새를 모두 다듬어 주세요.

3 매끈한 표면으로 다듬어 주시고 표면이 말랑거리지 않을 때까지 말려주세요.

4 꼬끄의 건조가 완료되면 오븐에 구워주시고 완전히 식은 후 앞뒤 짝을 맞춰주세요. 아이싱으로
웃는 얼굴을 그려주시면 완성입니다.

Picnic Lunchbox

35

도시락 피크닉 마카롱

- 버섯, 브로콜리, 소시지, 새우튀김, 계란프라이, 삼각김밥

✳

피크닉 도시락 콘셉트의 여러 가지 음식 모양
마카롱을 만들어 볼게요.

예쁜 도시락 통에 담아주시면 정말 깜찍하고
귀여워서 먹기 아까울 거예요.

✳ 버섯 마카롱

이탈리안 머랭 꼬끄

반죽 아몬드 파우더 190g, 슈가 파우더 172g, 계란 흰자 62g

시럽 설탕 180g, 물 50g

머랭 계란 흰자 80g

색소 버섯머리(버크아이브라운, 콜블랙 조금), 버섯 밑동(무색소)

말리는 시간 겉 표면을 쓰다듬었을 때 말랑함이 없어질 때까지(실온건조 O 오븐건조 시 50℃)

예열 시간 한 판 기준 150℃, 10분(1판씩 늘어날 때마다 예열온도를 10℃씩 올려주세요)

굽는 시간 145℃, 12분

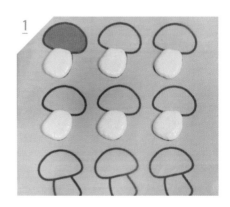

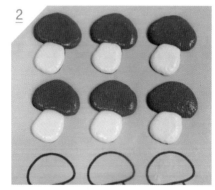

1 버섯 모양 도안 위에 무색소 반죽을 담은 짤주머니 끝을 5mm 정도 잘라서 밑동을 짜주세요.

2 버섯 머리색의 반죽으로 머리 모양을 짜주세요. 표면은 모두 짜는 즉시 이쑤시개로 매끈하게 다듬어주세요.

3 꼬끄의 건조가 완료되면 오븐에 구워주시고 완전히 식은 후 앞뒤 짝을 맞춰주세요. 아이싱으로 깜찍한 표정을 그려주시면 완성입니다.

✳ 브로콜리 마카롱

이탈리안 머랭 꼬끄

반죽 아몬드 파우더 190g, 슈가 파우더 172g, 계란 흰자 62g

시럽 설탕 180g, 물 50g

머랭 계란 흰자 80g

색소 티얼그린, 골든옐로 조금

말리는 시간 겉 표면을 쓰다듬었을 때 말랑함이 없어질 때까지(실온건조 ○ 오븐건조 시 50℃)

예열 시간 한 판 기준 150℃, 10분(1판씩 늘어날 때마다 예열온도를 10℃씩 올려주세요)

굽는 시간 145℃, 12분

1 브로콜리 모양 도안 위에 초록색 반죽으로 기둥 모양을 짜주고, 기둥 표면을 매끈하게 다듬어주세요.

2 브로콜리 머리 부분을 동그랗게 따로따로 짜주세요. 머리 부분은 따로 다듬지 않습니다.

3 꼬끄의 건조가 완료되면 오븐에 구워주시고 완전히 식은 후 앞뒤 짝을 맞춰주세요. 아이싱으로 귀여운 얼굴을 그려주시면 완성입니다.

✳ 소시지 마카롱

이탈리안 머랭 꼬끄

반죽 아몬드 파우더 190g, 슈가 파우더 172g, 계란 흰자 62g

시럽 설탕 180g, 물 50g

머랭 계란 흰자 80g

색소 소시지(버크아이브라운), 소시지 속살(버크아이브라운, 골든옐로 조금)

말리는 시간 겉 표면을 쓰다듬었을 때 말랑함이 없어질 때까지(실온건조 O 오븐건조 시 50℃)

예열 시간 한 판 기준 150℃, 10분(1판씩 늘어날 때마다 예열온도를 10℃씩 올려주세요)

굽는 시간 145℃, 13분

1 소시지 모양 도안 위에 소시지 몸통 모양을 짜 주시고 표면을 매끄럽게 다듬어주세요.

2 소시지 몸통을 모두 짜고 난 후 속살 부분을 얇게 자른 깍지주머니로 짜주세요.

3 꼬끄 표면이 모두 마르면 오븐에 구워주시고 앞뒤 짝을 맞춰 주세요. 아이싱으로 블링블링 한 눈을 한 얼굴을 그려주시면 완성입니다.

✳ 새우튀김 마카롱

이탈리안 머랭 꼬끄

반죽 아몬드 파우더 190g, 슈가 파우더 172g, 계란 흰자 62g
시럽 설탕 180g, 물 50g
머랭 계란 흰자 80g
색소 새우(버크아이브라운, 골든옐로), 새우꼬리(레드레드, 골든옐로)

말리는 시간 겉 표면을 쓰다듬었을 때 말랑함이 없어질 때까지(실온건조 O 오븐건조 시 50℃)
예열 시간 한 판 기준 150℃, 10분(1판씩 늘어날 때마다 예열온도를 10℃씩 올려주세요)
굽는 시간 145℃, 12분

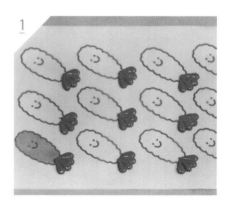

1 새우튀김 도안 위에 주황색 반죽으로 새우 꼬리를 그려주세요.

2 튀김색 반죽으로 몸통을 동글동글하게 따로따로 짜주시고, 동글한 부분은 최대한 다듬지 말고 모양을 살려주세요.

3 꼬끄 표면이 마르면 오븐에 구워주시고 완전히 식은 후 앞뒤 짝을 맞춰주세요. 아이싱으로 웃는 얼굴을 그려주시면 완성입니다.

✳ 계란프라이 마카롱

이탈리안 머랭 꼬끄

반죽 아몬드 파우더 190g, 슈가 파우더 172g, 계란 흰자 62g

시럽 설탕 180g, 물 50g

머랭 계란 흰자 80g

색소 흰자(윌튼 화이트 색소), 노른자(골든옐로)

말리는 시간 겉 표면을 쓰다듬었을 때 말랑함이 없어질 때까지(실온건조 ○ 오븐건조 시 50℃)

예열 시간 한 판 기준 150℃, 10분(1판씩 늘어날 때마다 예열온도를 10℃씩 올려주세요)

굽는 시간 145℃, 13분

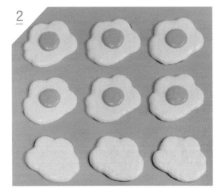

1 계란프라이 모양 도안 위에 흰색 색소로 흰자 부분을 짜주세요. 모양대로 짜주시고, 생긴 경계선은 이쑤시개로 다듬어 주세요.

2 흰자 부분을 짜고 10분 정도 실온에 두신 후 노른자 모양을 위에 짜주세요. 흰자 부분을 짜고 바로 노른자를 짜면 노란 반죽이 흰색 반죽에 흡수되어 튀어나온 느낌이 사라질 수 있습니다.

3 꼬끄 표면이 마르면 오븐에 구워주시고 앞뒤 짝을 맞춰 주세요. 아이싱으로 노른자에 귀여운 웃는 얼굴을 그려주시면 완성입니다.

✳ 삼각김밥 마카롱

이탈리안 머랭 꼬끄

반죽 아몬드 파우더 190g, 슈가 파우더 172g, 계란 흰자 62g

시럽 설탕 180g, 물 50g

머랭 계란 흰자 80g

색소 밥(윌튼 화이트 색소), 김(콜블랙)

말리는 시간 겉 표면을 쓰다듬었을 때 말랑함이 없어질 때까지(실온건조 O 오븐건조 시 50℃)

예열 시간 한 판 기준 150℃, 10분(1판씩 늘어날 때마다 예열온도를 10℃씩 올려주세요)

굽는 시간 145℃, 12분

1
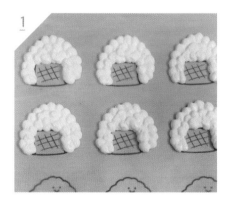

2

3

1 김밥 모양 도안 위에 흰색 색소로 밥알 모양처럼 작은 동그라미들을 짜주세요. 밥알의 동그란 부분은 최대한 모양을 살려서 다듬어 주세요.

2 검정색 반죽으로 김 부분을 짜주세요. 이쑤시개로 표면을 매끈하게 다듬어주세요.

3 꼬끄의 표면이 모두 마르면 오븐에 구워주시고 앞뒤 짝을 맞춰주세요. 아이싱으로 밥 부분에 귀여운 표정을 그려주시고, 김 부분에는 '#'저럼 그물 모양으로 그려주시년 완성입니다.

Beer

36

맥주 마카롱

✳

시원한 맥주 모양 마카롱을 만들어 볼게요. 퇴근 후 맥주 한 모금 마시면서 단짠단짠한 황치즈 크래커 필링을 채운 맥주 마카롱을 먹으면 피로가 싹 풀릴 것 같아요.

이탈리안 머랭 꼬끄

반죽 아몬드 파우더 190g, 슈가 파우더 172g, 계란 흰자 62g
시럽 설탕 180g, 물 50g
머랭 계란 흰자 80g
색소 맥주컵과 거품(윌튼 화이트 색소), 맥주(골든옐로)

말리는 시간 겉 표면을 쓰다듬었을 때 말랑함이 없어질 때까지(실온건조 ㅇ 오븐건조 시 50℃)
예열 시간 한 판 기준 150℃, 10분(1판씩 늘어날 때마다 예열온도를 10℃씩 올려주세요)
굽는 시간 145℃, 12분

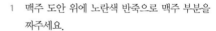

1 맥주 도안 위에 노란색 반죽으로 맥주 부분을
짜주세요.

2 흰색 반죽으로 맥주 컵 부분을 짜주세요.

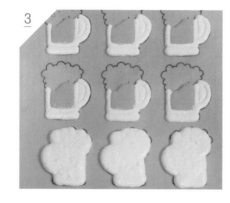

3 컵 부분을 다 짜신 후에 밑 받침 부분을 짜주
세요.

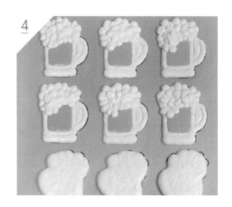

4 거품 부분은 동글동글한 느낌을 잘 살려서 맨
마지막에 짜주세요.

5 꼬끄 표면이 마르면 오븐에 구워주시고 앞뒤
짝을 맞춰주세요. 흰색 아이싱으로 맥주 부분
에 컵 표면을 나타내는 줄무늬를 그려주시면
완성입니다.

Strawberry Rabbit

37

생딸기 토끼 마카롱

✳

귀여운 토끼가 딸기를 품고 있는 생과일 마카롱을 만들어 볼게요. 기본 크림치즈 버터크림 필링과 딸기의 조합은 정말 찰떡궁합이랍니다. 딸기 철이 아닐 때에는 청포도나 체리로 대체하셔도 좋아요.

이탈리안 머랭 꼬끄

반죽 아몬드 파우더 190g, 슈가 파우더 172g, 계란 흰자 62g

시럽 설탕 180g, 물 50g

머랭 계란 흰자 80g

색소 레드레드 조금

필링

크림치즈 버터크림

필링 깍지 803번

말리는 시간 겉 표면을 쓰다듬었을 때 말랑함이 없어질 때까지(실온건조 ㅇ 오븐건조 시 50℃)

예열 시간 한 판 기준 150℃, 10분(1판씩 늘어날 때마다 예열온도를 10℃씩 올려주세요)

굽는 시간 145℃, 12분

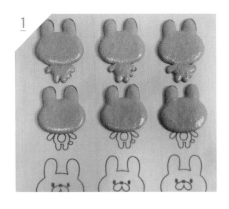

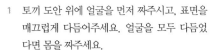

1 토끼 도안 위에 얼굴을 먼저 짜주시고, 표면을 매끄럽게 다듬어주세요. 얼굴을 모두 다듬었다면 몸을 짜주세요.

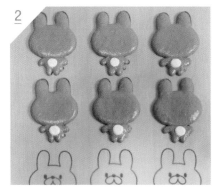

2 꼬끄 표면이 마르면 오븐에 구워주시고 짝을 맞춰 주세요. 아이싱 연습 부분의 토끼 얼굴을 그려주세요.

3 꽃 모양과 리본으로 꾸며주시고 그림이 마를 때까지 기다려주세요. 딸기는 미리 씻어서 키친타월로 물기를 모두 제거해주세요. 803번 깍지로 크림치즈 버터크림 필링을 채워줍니다.

4 앞뒷면 모두 똑같이 필링을 채워주시고, 밑 꼬끄 필링 위에 딸기를 올려주세요.

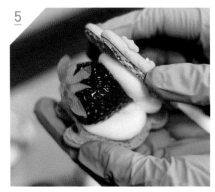

5 필링을 채운 꼬끄를 사진처럼 비스듬히 합쳐 주세요.

6 무너져 내리지 않도록 바로 냉장고에 넣어서 크림을 굳혀주시면 완성입니다.

38

소녀 마카롱

귀여운 소녀 얼굴 캐릭터 마카롱을 만들어 볼게요. 양 갈래 머리가 잘
어울리는 귀엽고 깜찍한 캐릭터라 선물용으로도 딱 좋은 사랑스러운
마카롱이랍니다.

이탈리안 머랭 꼬끄

반죽 아몬드 파우더 190g, 슈가 파우더 172g, 계란 흰자 62g

시럽 설탕 180g, 물 50g

머랭 계란 흰자 80g

색소 얼굴(버크아이브라운 아주 조금), 머리(콜블랙+버크아이브라운)

말리는 시간 겉 표면을 쓰다듬었을 때 말랑함이 없어질 때까지(실온건조 ㅇ 오븐건조 시 50℃)

예열 시간 한 판 기준 150℃, 10분(1판씩 늘어날 때마다 예열온도를 10℃씩 올려주세요)

굽는 시간 145℃, 12분

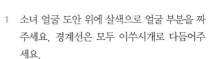

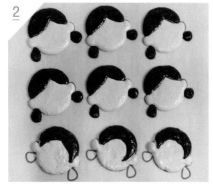

1 소녀 얼굴 도안 위에 살색으로 얼굴 부분을 짜
   주세요. 경계선은 모두 이쑤시개로 다듬어주
   세요.

2 검은색 반죽으로 머리 부분을 짜주세요.

3 꼬끄 표면이 모두 마르면 오븐에 구워주시고
   완전히 식은 후에 앞뒤 짝을 맞춰주세요. 아이
   싱으로 다양한 표정과 머리에 꽃 장식도 달아
   주시면 완성입니다.

Boy

39

소년 마카롱

귀여운 소녀와 어울리는 장난꾸러기 소년 마카롱을 만들어 볼게요. 기념일에 하트 마카롱과 함께 소년 & 소녀 마카롱을 만들어서 선물한다면 받는 사람이 정말 행복해하지 않을까요?

이탈리안 머랭 꼬끄

반죽 아몬드 파우더 190g, 슈가 파우더 172g, 계란 흰자 62g

시럽 설탕 180g, 물 50g

머랭 계란 흰자 80g

색소 얼굴(버크아이브라운 아주 조금), 머리(콜블랙+버크아이브라운), 모자(레드레드)

말리는 시간 겉 표면을 쓰다듬었을 때 말랑함이 없어질 때까지(실온건조 ○ 오븐건조 시 50℃)

예열 시간 한 판 기준 150℃, 10분(1판씩 늘어날 때마다 예열온도를 10℃씩 올려주세요)

굽는 시간 145℃, 12분

1 소년 얼굴 모양 도안 위에 머리카락 부분을 피해서 얼굴 부분만 반죽을 짜주세요.

2 검은색으로 머리 부분을 짜주세요. 머리카락 부분은 짤주머니를 얇게 자르시면 편리합니다. 이쑤시개로도 다듬어주세요.

3 빨간색으로 모자를 짜주세요.

4 표면이 모두 마르면 오븐에 구워주시고, 완벽하게 식은 후에 시트지에서 떼어낸 다음 앞뒤 짝을 맞춰주세요. 아이싱으로 다양한 표정을 그려주시고 모자 부분에 구멍을 그려주시면 완성입니다.

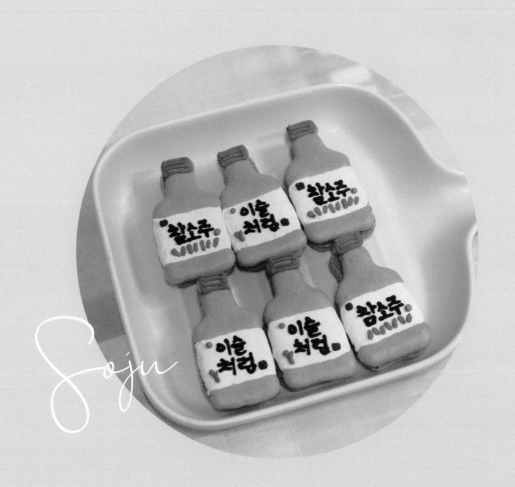

Soju

40

소주 마카롱

✳

술을 잘 마시는 친구에게 꼭 선물해주고 싶은 소주 마카롱이에요. 알
코올 향이 전혀 나지 않는 달콤한 소주 모양 마카롱을 만들어 보신다
면 술을 안 마셔도 기분이 좋아지고, 즐거울 것만 같은 느낌이 드네요.

이탈리안 머랭 꼬끄

반죽 아몬드 파우더 190g, 슈가 파우더 172g, 계란 흰자 62g

시럽 설탕 180g, 물 50g

머랭 계란 흰자 80g

색소 소주병(티얼그린+골든옐로), 스티커 부분(윌튼 화이트 색소)

말리는 시간 겉 표면을 쓰다듬었을 때 말랑함이 없어질 때까지(실온건조 ○ 오븐건조 시 50℃)

예열 시간 한 판 기준 150℃, 10분(1판씩 늘어날 때마다 예열온도를 10℃씩 올려주세요)

굽는 시간 145℃, 12분

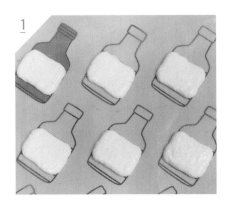

1 소주 모양 도안 위에 흰색 반죽으로 스
티커 부분을 네모 모양으로 짜주세요.
반죽을 짜면서 모서리 부분과 반죽의
경계선은 이쑤시개로 다듬어 주세요.

2 초록색 반죽으로 뚜껑 부분을 제외한
병 부분만 짜주세요.

3 병 부분을 모두 다듬은 후에 뚜껑 부분
을 짜주세요.

4 꼬끄 표면이 모두 마르면 오븐에 구워
주시고, 완전히 식은 후에 시트지에서
떼어내 앞뒤 짝을 맞춰 주세요. 아이싱
으로 소주 레터링을 적어주세요. 'ㅇㅇ'
처럼에서 'ㅇㅇ'에 실제 이름을 넣어주
시면 더욱 재미있답니다.

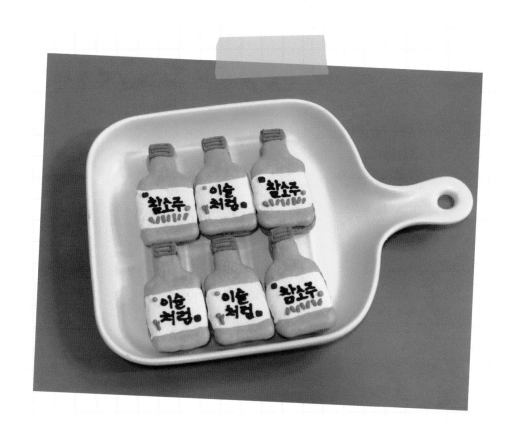

41

스마일 꽃 마카롱

✳

요즘은 금방 시들어 버리는 생화 대신에 꽃 모양 인형을 선물하는 것이 대세라고 하네요. 스마일 꽃 마카롱은 보기만 해도 미소가 절로 지어지는 귀여운 마카롱이에요. 퇴근 후 마카롱을 만들고 숙성시켜서 다음 날 아침에 냉장고를 열었는데, 스마일 꽃 마카롱이 활짝 미소 짓고 있다면 그날은 달콤한 하루가 될 것만 같아요.

이탈리안 머랭 꼬끄

반죽 아몬드 파우더 190g, 슈가 파우더 172g, 계란 흰자 62g
시럽 설탕 180g, 물 50g
머랭 계란 흰자 80g
색소 꽃잎(레드레드), 얼굴(골든옐로)

말리는 시간 겉 표면을 쓰다듬었을 때 말랑함이 없어질 때까지(실온건조 O 오븐건조 시 50℃)
예열 시간 한 판 기준 150℃, 10분(1판씩 늘어날 때마다 예열온도를 10℃씩 올려주세요)
굽는 시간 145℃, 13분   깍지 803번

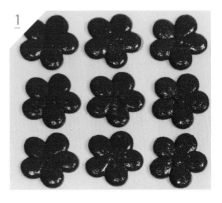

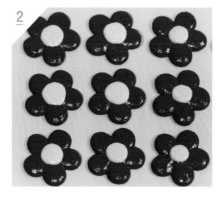

1   꽃 모양 도안 위에 803번 깍지를 낀 빨간색 반
    죽으로 동글동글하게 꽃 모양을 짜주세요.

2   가운데에 803번 노랑 반죽으로 동그라미를 짜
    주세요.

3   꼬끄 표면이 모두 마르면 오븐에 구워주시고
    완전히 식은 후에 앞뒤 짝을 맞춰주세요. 아이
    싱으로 웃는 얼굴을 그려주시면 완성입니다.

42

강아지 마카롱

동글동글 귀여운 강아지 얼굴 마카롱을 만들어 볼게요. 마블 마카롱을 기본 베이스로 하며 귀와 눈썹, 코 부분은 반죽으로 짜서 얼굴 형태를 완성할 거예요. 매장에서 인기가 아주 많았던 시바견 마카롱을 직접 만들어 보세요.

이탈리안 머랭 꼬끄

반죽 아몬드 파우더 190g, 슈가 파우더 172g, 계란 흰자 62g

시럽 설탕 180g, 물 50g

머랭 계란 흰자 80g

색소 윗부분(버크아이브라운+골든옐로 아랫부분(윌튼 화이트 색소)

말리는 시간 겉 표면을 쓰다듬었을 때 말랑함이 없어질 때까지(실온건조 O 오븐건조 시 50℃)

예열 시간 한 판 기준 150℃, 10분(1판씩 늘어날 때마다 예열온도를 10℃씩 올려주세요)

굽는 시간 145℃, 12분   깍지 10mm 깍지, 4번 깍지

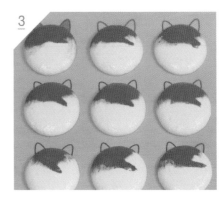

1 갈색 부분과 흰색 부분을 따로 마카로나주해
서 각각 다른 짤주머니에 따로 담아주세요.

2 10mm 깍지를 끼운 짤주머니 하나를 만들어
주세요. 갈색 반죽, 흰색 반죽 짤주머니의 끝
을 같은 크기로 잘라주시고, 10mm 깍지 짤주
머니 안에 두 짤주머니를 고르게 넣어주세요.

3 갈색 반죽과 흰색 반죽이 같이 나오는지 테스
트한 다음 원형 모양으로 짜주세요.

4 갈색 반죽을 조금 덜어서 다른 짤주머니에 넣
어주시고 귀 부분을 짜주세요.

5 실온에서 10분 정도 지난 후 4번 깍지에 흰색을
조금 덜어주시고 코 부분과 눈썹을 짜주세요.

6 꼬끄 표면이 마르면 오븐에서 구워주시고 완
전히 식으면 시트지에서 떼어내 앞뒤 짝을 맞
춰주세요. 아이싱으로 강아지 얼굴을 그려주
시면 완성입니다.

43

아보카도 마카롱

아보카도 모양의 캐릭터 마카롱을 만들어 볼게요. 실제 아보카도보다
귀엽고 달콤한 아보카도 캐릭터 마카롱을 만들어서 집에 손님이 찾아
왔을 때 같이 대접해드리면 정말 놀라워하지 않을까요?

이탈리안 머랭 꼬끄

반죽 아몬드 파우더 190g, 슈가 파우더 172g, 계란 흰자 62g

시럽 설탕 180g, 물 50g

머랭 계란 흰자 80g

색소 겉(스카이블루+골든옐로+콜블랙 조금), 중간(스카이블루+골든옐로),
　　　속(골든옐로+스카이블루 아주 조금), 씨앗(버크아이브라운+콜블랙 조금)

말리는 시간 겉 표면을 쓰다듬었을 때 말랑함이 없어질 때까지(실온건조 ○ 오븐건조 시 50℃)

예열 시간 한 판 기준 150℃, 10분(1판씩 늘어날 때마다 예열온도를 10℃씩 올려주세요)

굽는 시간 145℃, 12분

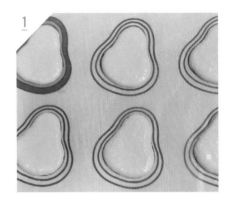

1 아보카도 모양 도안 위에 노란색 색소로 속을 채워주세요.

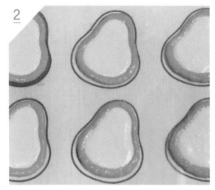

2 연두색 반죽으로 아보카도 중간 속을 짜주세요.

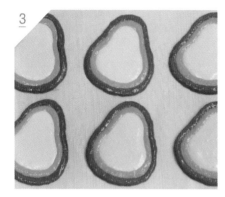

3 짙은 녹색으로 껍질을 짜주세요.

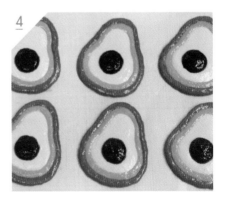

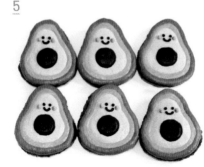

4 실온에서 10분 정도 지난 후에 씨앗 부분을 동 그랗게 짜주세요. 뾰족하게 튀어나온 반죽 부 분은 이쑤시개로 다듬어 주세요.

5 꼬끄의 표면이 마르면 오븐에 구워주시고 완 전히 식은 후 시트지에서 떼어내 앞뒤 짝을 맞 춰주세요. 아이싱으로 아보카도의 귀여운 얼 굴을 그려주시면 완성입니다.

Duck

44

오리 마카롱

어린아이들이 보면 정말 좋아할 오리 마카롱을 만들어 볼게요. 오리 인형과 붙어 있으면 진짜 인형처럼 보일지도 몰라요. 집에 장식해두고 싶을 정도로 먹기 아까울 것 같아요.

이탈리안 머랭 꼬끄

반죽 아몬드 파우더 190g, 슈가 파우더 172g, 계란 흰자 62g

시럽 설탕 180g, 물 50g

머랭 계란 흰자 80g

색소 오리 몸(골든옐로), 부리(골든옐로+레드레드 1:1비율)

말리는 시간 겉 표면을 쓰다듬었을 때 말랑함이 없어질 때까지(실온건조 O 오븐건조 시 50℃)

예열 시간 한 판 기준 150℃, 10분(1판씩 늘어날 때마다 예열온도를 10℃씩 올려주세요)

굽는 시간 145℃, 13분   **깍지** 803번(노란색)

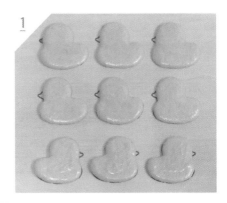
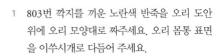

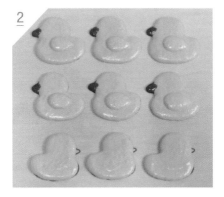

1 803번 깍지를 끼운 노란색 반죽을 오리 도안 위에 오리 모양대로 짜주세요. 오리 몸통 표면을 이쑤시개로 다듬어 주세요.

2 주황색 부리 짤주머니를 잘라서 부리 모양을 짜주세요. 실온에서 10분 정도 지난 후 날개를 짜주세요. 표면이 약간 마른 후에 다른 반죽이 올라가야 흡수가 되지 않습니다.

3 꼬끄의 표면이 모두 마르면 오븐에 구워주시고 완전히 식으면 시트지에서 떼어내 앞뒤 짝을 맞춰주세요. 아이싱으로 오리의 눈알을 그려주시면 완성입니다.

Chocolat Fondue

Strawberry

45

초코 퐁듀 딸기 마카롱

꼬끄 위에 초콜릿을 퐁듀처럼 묻혀서 독특한 식감과 달콤함을 더 느낄 수 있는 초코 퐁듀 딸기 마카롱을 만들어 볼게요. 초콜릿은 칼리바우트 같은 커버춰 초콜릿이 아닌 일반 시중에서 판매하는 코팅 초콜릿을 중탕으로 녹여서 사용하시면 됩니다.

이탈리안 머랭 꼬끄

반죽 아몬드 파우더 190g, 슈가 파우더 172g, 계란 흰자 62g
시럽 설탕 180g, 물 50g
머랭 계란 흰자 80g
색소 딸기(레드레드), 꼭지(티얼그린+골든옐로 조금)

말리는 시간 겉 표면을 쓰다듬었을 때 말랑함이 없어질 때까지(실온건조 O 오븐건조 시 50℃)
예열 시간 한 판 기준 150℃, 10분(1판씩 늘어날 때마다 예열온도를 10℃씩 올려주세요)
굽는 시간 145℃, 13분

1   딸기 모양 도안에 빨간색 반죽으로 딸기 모양을 짜주세요. 반죽을 짜면서 생긴 경계선은 이쑤시개로 다듬어 주세요. 초록색 반죽으로 꼭지 부분을 짜주세요.

2   표면이 모두 마르면 오븐에 구워주시고 완전히 식으면 시트지에서 떼어내 앞뒤 짝을 맞춰 주세요. 아이싱으로 얼굴을 그려주신 후 원하시는 필링으로 먼저 채워주세요. 필링을 채우신 후 냉장고에서 크림이 단단해질 때까지 기다렸다가, 코팅 초콜릿을 중탕으로 녹여주세요.

3   필링이 채워진 상태 그대로 녹은 초콜릿에 빠르게 넣었다가 빼주세요.

4   초콜릿이 마르기 전에 스프링클 장식을 뿌려주시면 완성입니다.

TIP
제가 사용한 제품은 인터넷에서 구매하실 수 있는 초콜릿 중탕기입니다. 중탕기로 초콜릿을 녹여주시면 더 편리해요.

Chapter 5

#

특별한 날을 기념하는 이색 마카롱

Carnation

46

어버이날 & 스승의 날

- 카네이션 마카롱

✳

어버이날 또는 스승의날에 정성이 담긴 카네이션 마카롱을 만들어서
선물해보시는 건 어떨까요? 제가 만약 카네이션 마카롱을 받는다면
세상 그 누구보다도 기쁠 것 같아요. 특별한 날 소중한 분에게 예쁜 꽃
과 함께 선물해보세요.

이탈리안 머랭 꼬끄

반죽 아몬드 파우더 190g, 슈가 파우더 172g, 계란 흰자 62g

시럽 설탕 180g, 물 50g

머랭 계란 흰자 80g

색소 꽃(레드레드), 잎(티얼그린+골든옐로 조금)

말리는 시간 겉 표면을 쓰다듬었을 때 말랑함이 없어질 때까지(실온건조 ○ 오븐건조 시 50℃)

예열 시간 한 판 기준 150℃, 10분(1판씩 늘어날 때마다 예열온도를 10℃씩 올려주세요)

굽는 시간 145℃, 13분   **깍지** 803번(꽃 부분만)

1

2

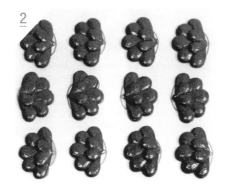

1 803번 깍지를 넣은 빨간색 반죽으로 카
네이션 꽃잎 3개를 먼저 짜주세요. 실
온에서 10분 정도 기다려주세요.

2 시간이 지난 후 위쪽 잎 두 개를 짜주
세요.

3

4

3 초록색 잎을 꽃 밑부분에 짜주세요.

4 꼬끄의 표면이 모두 마르면 오븐에 구
워주시고 완전히 식은 후에 시트지에서
떼어내고 앞뒤 짝을 맞춰주시면 완성입
니다.

47

밸런타인 & 화이트데이

- 하트 마카롱

✳

밸런타인데이, 화이트데이 기념일 등등 특별한 날 애인에게 선물할 수 있는 하트 마카롱을 만들어 볼게요. 하트 마카롱은 정말 인기가 많은 마카롱 중 하나예요. 직접 만들어서 선물하신다면 더욱 특별한 기념일 이 될 것 같네요.

이탈리안 머랭 꼬끄

반죽 아몬드 파우더 190g, 슈가 파우더 172g, 계란 흰자 62g
시럽 설탕 180g, 물 50g
머랭 계란 흰자 80g
색소 레드레드

말리는 시간 겉 표면을 쓰다듬었을 때 말랑함이 없어질 때까지(실온건조 O 오븐건조 시 50℃)
예열 시간 한 판 기준 150℃, 10분(1판씩 늘어날 때마다 예열온도를 10℃씩 올려주세요)
굽는 시간 145℃, 13분   깍지 803번

<u>1</u>

1   803번 깍지로 하트 모양 도안 위에 반죽을 짜주세요. 하트 모양이 조금 찌그러지
     면 이쑤시개로 다듬어 주세요.

<u>2</u>

2   꼬끄의 표면이 마르면 오븐에 구워주시고 완전히 식은 후 시트지에서 떼어주고
     앞뒤 짝을 맞춰 주세요. 아이싱으로 하트 위에 장식해주시면 완성입니다.

Halloween Day

48

핼러윈데이

– 해골, 호박, 마녀, 드라큘라 마카롱

✳

핼러윈 파티에서 사탕만 먹으면 재미없겠죠?

핼러윈에 어울리는 캐릭터 마카롱을 만들면 더욱
특별한 핼러윈을 보내실 수 있을 거예요. 핼러윈에
어울리는 다양한 캐릭터들을 만들어 볼게요.

✳ 해골 마카롱

이탈리안 머랭 꼬끄

반죽 아몬드 파우더 190g, 슈가 파우더 172g, 계란 흰자 62g

시럽 설탕 180g, 물 50g

머랭 계란 흰자 80g

색소 윌튼 화이트 색소

말리는 시간 겉 표면을 쓰다듬었을 때 말랑함이 없어질 때까지(실온건조 ○ 오븐건조 시 50℃)

예열 시간 한 판 기준 150℃, 10분(1판씩 늘어날 때마다 예열온도를 10℃씩 올려주세요)

굽는 시간 145℃, 12분

1 해골 모양 도안 위에 해골 얼굴 반죽을 짜주
   세요.

2 꼬끄 표면이 마르면 오븐에 구워주시고 완
   전히 식은 후 시트지에서 떼어내 앞뒤 짝을
   맞춰주세요. 아이싱으로 해골 얼굴을 그려
   주시면 완성입니다.

✳ 호박 마카롱

이탈리안 머랭 꼬끄

반죽 아몬드 파우더 190g, 슈가 파우더 172g, 계란 흰자 62g

시럽 설탕 180g, 물 50g

머랭 계란 흰자 80g

색소 호박(레드레드+골든옐로 1:1비율)

말리는 시간 겉 표면을 쓰다듬었을 때 말랑함이 없어질 때까지(실온건조 O 오븐건조 시 50℃)

예열 시간 한 판 기준 150℃, 10분(1판씩 늘어날 때마다 예열온도를 10℃씩 올려주세요)

굽는 시간 145℃, 13분

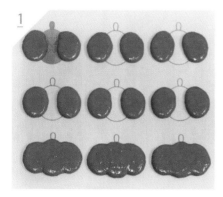

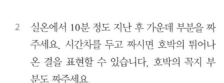

1 호박 모양 도안 위에 호박의 양쪽을 먼저 짜주시고 다듬어 주세요.

2 실온에서 10분 정도 지난 후 가운데 부분을 짜주세요. 시간차를 두고 짜시면 호박의 튀어나온 결을 표현할 수 있습니다. 호박의 꼭지 부분도 짜주세요.

3 꼬끄의 표면이 마르면 오븐에 구워주시고 완전히 식은 후 시트지에서 떼어내 앞뒤 짝을 맞춰주세요. 아이싱으로 호박 얼굴을 그려주시면 완성입니다.

✳ 마녀 마카롱

<u>이탈리안 머랭 꼬끄</u>

반죽 아몬드 파우더 190g, 슈가 파우더 172g, 계란 흰자 62g

시럽 설탕 180g, 물 50g

머랭 계란 흰자 80g

색소 얼굴(티얼그린+골든옐로 조금), 머리(콜블랙), 모자(바이올렛)

말리는 시간 겉 표면을 쓰다듬었을 때 말랑함이 없어질 때까지(실온건조 O 오븐건조 시 50℃)

예열 시간 한 판 기준 150℃, 10분(1판씩 늘어날 때마다 예열온도를 10℃씩 올려주세요)

굽는 시간 145℃, 12분

1 초록색으로 마녀의 얼굴 부분을 짜주시고 다
  듬어 주세요.

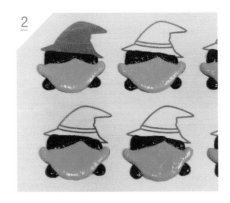

2 검은색으로 머리 부분을 짜주시고 다듬어 주
  세요.

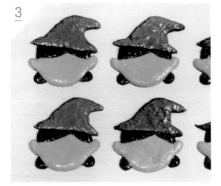

3 보라색으로 모자 부분을 짜주시고 다듬어 주
  세요.

4 꼬끄의 표면이 마르면 오븐에 구워주시고 완전
  히 식은 후 시트지에서 떼어내 앞뒤 짝을 맞춰
  주세요. 아이싱으로 마녀의 얼굴을 그려주시
  고 모자의 끈 부분을 그려주시면 완성입니다.

✳ 드라큘라 마카롱

이탈리안 머랭 꼬끄

반죽 아몬드 파우더 190g, 슈가 파우더 172g, 계란 흰자 62g

시럽 설탕 180g, 물 50g

머랭 계란 흰자 80g

색소 얼굴(버크아이브라운 아주 조금), 머리&옷(콜블랙), 옷깃(레드레드)

말리는 시간 겉 표면을 쓰다듬었을 때 말랑함이 없어질 때까지(실온건조 O 오븐건조 시 50℃)

예열 시간 한 판 기준 150℃, 10분(1판씩 늘어날 때마다 예열온도를 10℃씩 올려주세요)

굽는 시간 145℃, 12분

1 드라큘라 도안의 얼굴 부분을 얼굴색 반죽으로 짜주세요.

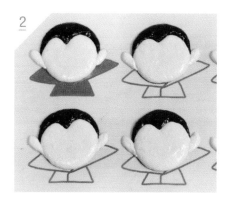

2 드라큘라의 머리 부분을 짜주시고 이쑤시개로 다듬어주세요.

3 빨간색 반죽으로 옷깃을 짜주세요. 그리고 검은색 반죽으로 봄봉 부분도 짜주세요.

4 꼬끄 표면이 마르면 오븐에 구워주시고 완전히 식으년 시트시에서 떼어내 앞뒤 짝을 맞춰주세요. 아이싱으로 드라큘라 얼굴과 핏방울을 그려주시면 완성입니다.

Pepero

49

빼빼로데이

- 빼빼로 마카롱

✳

빼빼로데이에 빼빼로만 선물하기에는 뭔가 심심하다고 느껴진다면 빼빼로 마카롱을 만들어 보시는 건 어떨까요? 앙증맞은 캐릭터들이 빼빼로처럼 줄줄이 이어져 있는 모습을 보면 정말 귀엽다는 생각이 드네요. 마카롱 필링 속에 빼빼로 과자를 넣으면 식감도 더 독특해지고 맛있게 드실 수 있을 거예요.

이탈리안 머랭 꼬끄

반죽 아몬드 파우더 190g, 슈가 파우더 172g, 계란 흰자 62g

시럽 설탕 180g, 물 50g

머랭 계란 흰자 80g

색소 해달(스카이블루), 오리(골든옐로)

말리는 시간 겉 표면을 쓰다듬었을 때 말랑함이 없어질 때까지(실온건조 ○ 오븐건조 시 50℃)

예열 시간 한 판 기준 150℃, 10분(1판씩 늘어날 때마다 예열온도를 10℃씩 올려주세요)

굽는 시간 145℃, 15~16분   깍지 10mm

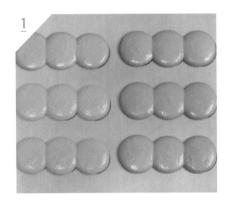

1 삐삐로 도안 위에 10mm 깍지로 동그라미를 연속해서 짜주세요. 동그라미 연결
선은 따로 다듬지 않으셔도 되고 구멍이 나거나 튀어나온 부분만 이쑤시개로 다
듬어 주세요.

2 표면이 단단하게 마르면 오븐에 구워주시고 완전히 식으면 시트지에서 떼어내
짝을 맞춰 주세요. 아이싱으로 동그라미마다 표정을 다르게 그려주시면 더욱 귀
엽답니다.

50

크리스마스

- 산타, 루돌프 마카롱

✳

크리스마스 홈파티에서 케이크와 함께 캐릭터 마카롱
으로 장식하면 파티가 더욱더 빛날 거예요.

크리스마스에 소중한 사람들과 모여 캐릭터 마카롱을
먹으며 즐거운 파티를 즐겨보는 건 어떨까요?

✳ 산타 마카롱

이탈리안 머랭 꼬끄

반죽 아몬드 파우더 190g, 슈가 파우더 172g, 계란 흰자 62g

시럽 설탕 180g, 물 50g

머랭 계란 흰자 80g

색소 얼굴(버크아이브라운 아주 조금), 수염(윌튼 화이트 색소), 모자(레드레드)

말리는 시간 겉 표면을 쓰다듬었을 때 말랑함이 없어질 때까지(실온건조 O 오븐건조 시 50℃)

예열 시간 한 판 기준 150℃, 10분(1판씩 늘어날 때마다 예열온도를 10℃씩 올려주세요)

굽는 시간 145℃, 12분

 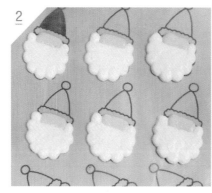 

1 산타 도안의 얼굴 부분을 얼굴색 반죽으로 짜
주세요.

2 흰색 색소로 수염 부분을 짜주세요.

3 빨간 모자 반죽을 짜주세요.

4 모자의 털 부분을 동글동글한 느낌이 나도록 짜주세요.

5 수염 위에 콧수염 부분을 반죽으로 그려주세요.

6 꼬끄의 표면이 마르면 오븐에 구워주시고 완전히 식은 후 시트지에서 떼어내 앞뒤 짝을 맞춰 주세요. 아이싱으로 산타의 얼굴과 코를 그려주시면 완성입니다.

✳ 루돌프 마카롱

이탈리안 머랭 꼬끄

반죽 아몬드 파우더 190g, 슈가 파우더 172g, 계란 흰자 62g

시럽 설탕 180g, 물 50g

머랭 계란 흰자 80g

색소 얼굴(버크아이브라운+골든옐로), 뿔(버크아이브라운+콜블랙)

말리는 시간 겉 표면을 쓰다듬었을 때 말랑함이 없어질 때까지(실온건조 O 오븐건조 시 50℃)

예열 시간 한 판 기준 150℃, 10분(1판씩 늘어날 때마다 예열온도를 10℃씩 올려주세요)

굽는 시간 145℃, 13분

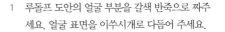

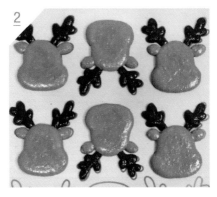

1 루돌프 도안의 얼굴 부분을 갈색 반죽으로 짜주세요. 얼굴 표면을 이쑤시개로 다듬어 주세요.

2 귀 부분을 짜주시고, 짙은 고동색 반죽으로 뿔을 짜주세요.

3 꼬끄의 표면이 마르면 오븐에 구워주시고 완전히 식은 후 시트지에서 떼어내 앞뒤 짝을 맞춰주세요. 빨간색 아이싱으로 루돌프의 코를 크게 짜주시고 얼굴을 그려주시면 완성입니다.

생일파티
- 대왕 피자 마카롱

생일파티에 어울리는 대왕 피자 마카롱을 만들어 볼게요. 생일파티에 흔한 생크림 케이크가 지겹다면 필링을 듬뿍 채운 마카롱 케이크는 어떠신가요? 파티에서 인기 만점 케이크가 될 것 같은 예감이 드네요.

이탈리안 머랭 꼬끄

반죽 아몬드 파우더 190g, 슈가 파우더 172g, 계란 흰자 62g

시럽 설탕 180g, 물 50g

머랭 계란 흰자 80g

색소 빵(버크아이브라운+골든옐로), 치즈(골든옐로 아주 조금), 버섯기둥(무색소), 버섯머리(버크아이브라운+콜블랙 아주 조금), 피망(티얼그린+골든옐로), 올리브(콜블랙), 페퍼로니(레드레드)

말리는 시간 겉 표면을 쓰다듬었을 때 말랑함이 없어질 때까지(실온건조 O 오븐건조 시 50℃)

예열 시간 한 판 기준 150℃, 10분(1판씩 늘어날 때마다 예열온도를 10℃씩 올려주세요)

굽는 시간 145℃, 20분   **깍지** 빵 805번, 치즈 803번

1 색깔별로 반죽을 모두 따로 마카로나주해서 만들어주세요. 이탈리안 머랭 반죽은 마카로 나주 후에 바로 짤주머니에 담아서 밀봉해주 시면 2~3시간까지는 사용 가능합니다.

2 빵 부분 갈색 반죽을 805번 깍지에 담아서 도 안을 따라 동그랗게 짜주세요.

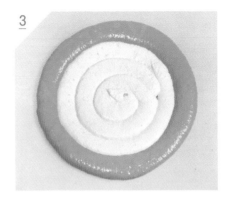

3 803번 깍지로 치즈 부분을 짜주세요. 경계선 부분은 이쑤시개로 빠르게 다듬어 주세요.

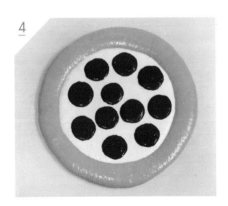

4 토핑들을 하나씩 올려주세요. 튀어나온 느낌 을 원하신다면 5~10분 정도 텀을 두시고 짜주 시면 됩니다.

5 표면이 모두 단단하게 마를 때까지 건조해주 시고 오븐에서 구워주세요. 여러 가지 맛 필링 들로 짜주시면 다양한 맛을 즐길 수 있는 대왕 마카롱이 완성됩니다.

TIP

대왕 마카롱을 만드실 때는 건조 시간이 아 주 오래 걸려요. 표면을 누르지 않고 쓰다듬 어 보셨을 때 물렁물렁한 느낌이 없어질 때 까지 건조해주시고, 필링은 1단을 먼저 짠 후에 냉장고에서 크림을 굳혀주신 후 2단 크 림을 올려주세요. 뚜껑 부분이 무겁기 때문 에 크림이 굳은 상태에서 뚜껑을 올려주셔 야 필링이 무너지지 않습니다.

Chapter 6

#

특별부록! 캐릭터 마카롱 도안

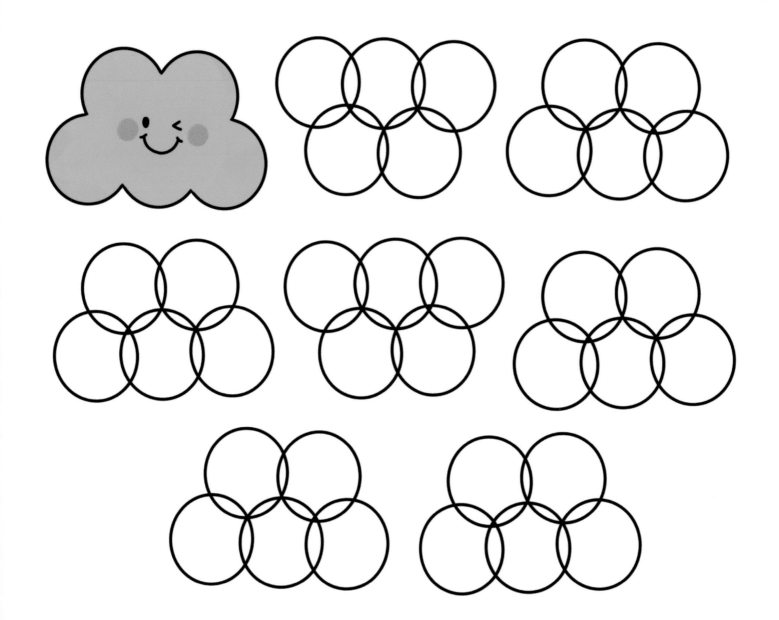

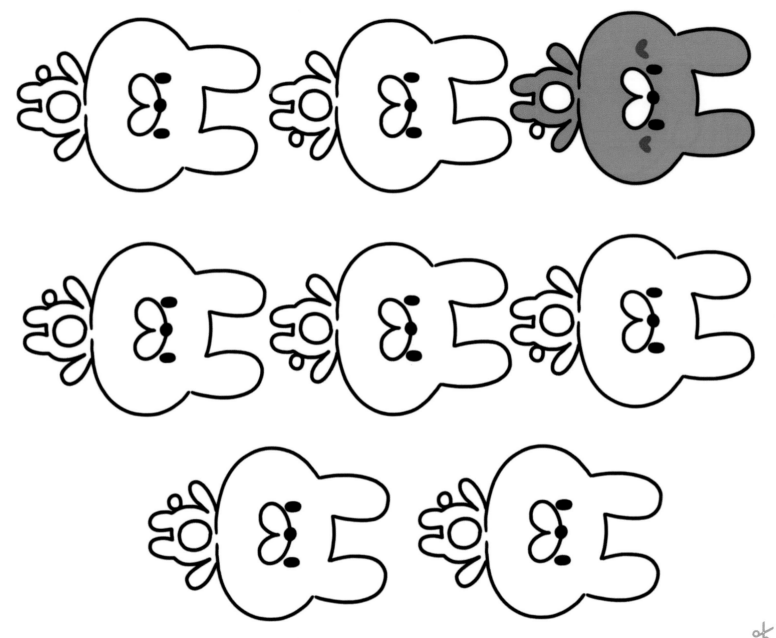

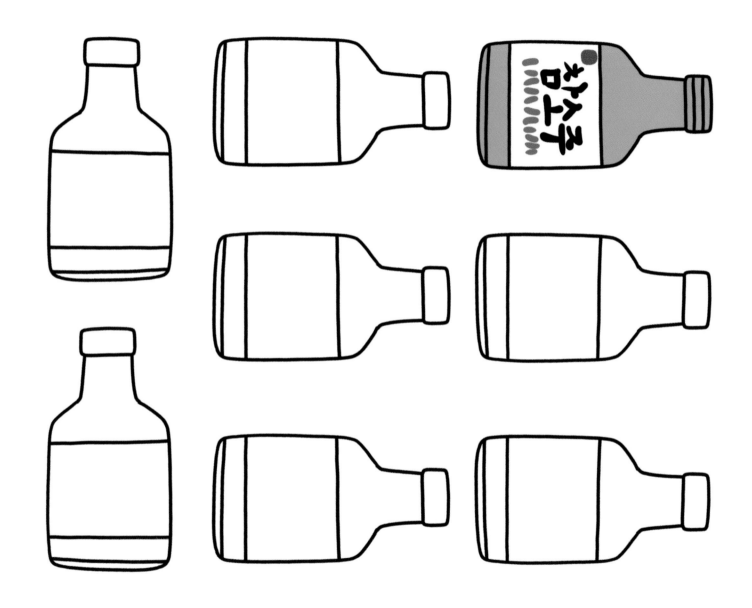

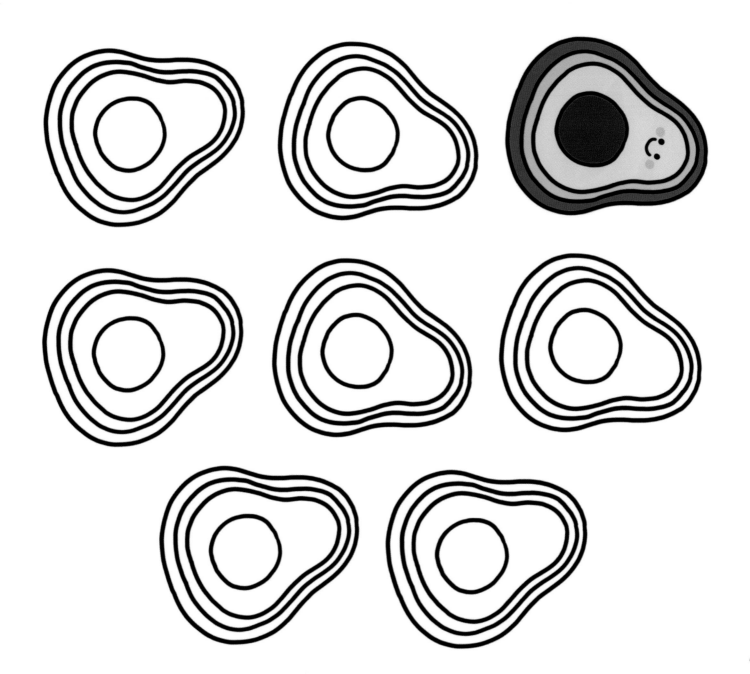

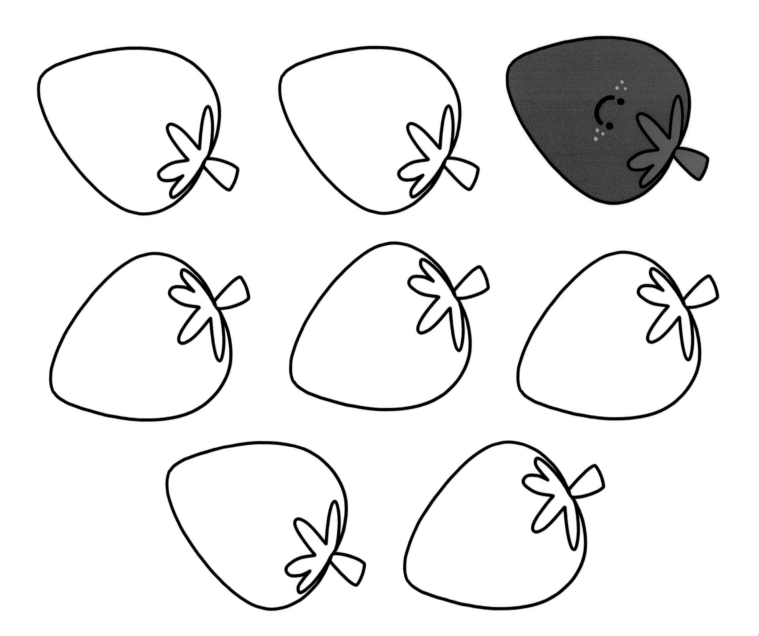

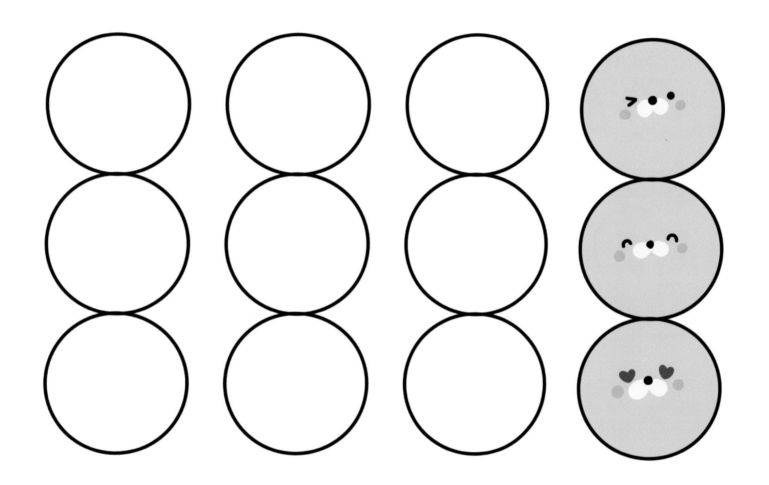

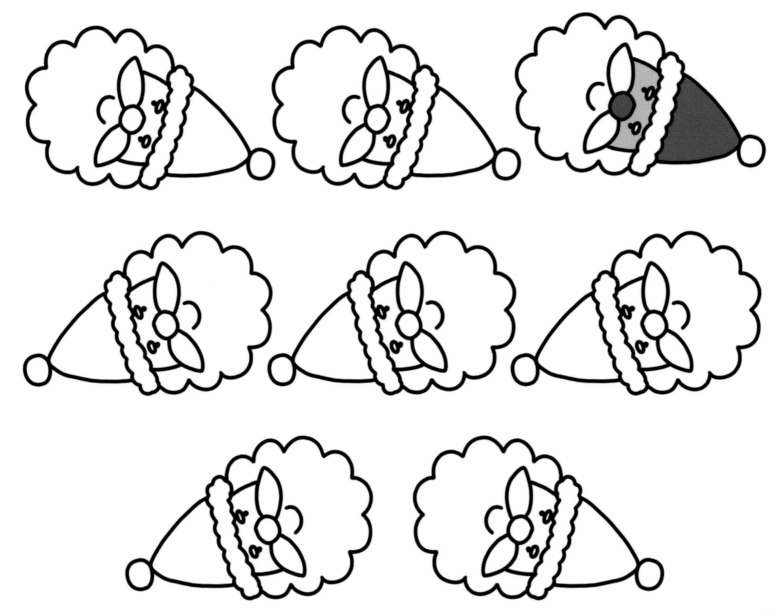

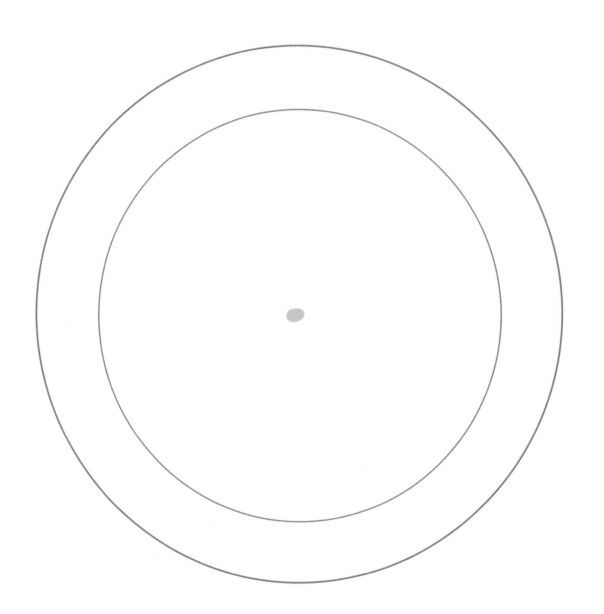

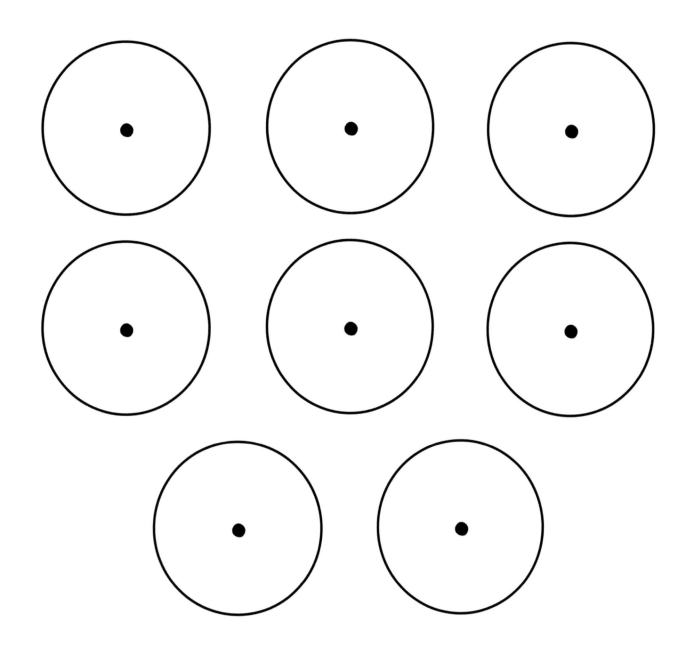

Let's make Macaron!